JN078917

# 全選手に順番をつける！

## 不揃いのデータの平均に対する数学的な比較、順序付け

髙柳 俊比古

東京図書出版

# はじめに

二つ以上の群の平均（集合の比または率）を比較して群の間に、

1．統計的に有意な差異があるかどうか、つまりその差異が偶然以外の理由から発生している時には、パラメトリック検定では二群の場合には t 検定などが用いられる。また三群以上の場合には分散分析や多重比較などが用いられているが、正規性や等分散性を前提としていることが多く、群間のデータまたは要素の数が揃っていることが求められ、異なる場合にもそれらの差異が限定的である必要がある（たとえばテューキー・クレーマーの方法）。

一方、

2．差異を数学的に比較またはその結果から順序を決める時には、各群に含まれるデータ数が等しい場合には実施できるが、異なる場合には一般的には比較できない。しかし本書で述べる方法を用いることにより可能となる。他の方法としてのノンパラメトリック法は、データを計量値ではなく順位として用いるもので、本書では扱わない。利用する場合は成書を参照していただきたい。

## 特徴

複数（３個以上）の異なる要素数を含む集合または群の平均について対象となる全てに対してそれらの比較または順序付けが可能である。

## 本書で用いる集合の平均の使い方について

１．集合の平均 ── 集合の要素数による算術平均のこと。
例：１人あたりの GDP（要素数が同じ場合には各集合の平均を用いて比較が可能で、それらの結果を用いた順序付けができるが、要素数が不揃いである場合には比較ができない）。

２．補集合の平均 ── 集合に含まれる全要素を空間とする補集合の和を補集合の要素数で割って算出される算術平均のことで、各補集合間での比較または順序付けが可能である。
例：補集合１人あたりの GDP。

３．集合の要素数を考慮した（集合の）平均 ── 任意の補集合の平均間で比較が可能であり、集合の平均と対応する補集合の平均が１次式で表されることにより、補集合の平均で位置を決めてその位置に置き換えられた対応する集合の平均のこと（異なる要素数でも数学的に比較が可能な平均）。
例：人口を考慮した１人あたりの GDP。

# 目 次



## 実例

## 1．概要［算出の手順とその方法］

まず各データまたは要素は実数で、各要素間では互いに素であるものとする。この時、

①三群以上の平均の差異の比較は、一般的には各群の要素数が同じ場合は数学的に可能であるが、異なる場合には不可能である。そこで、まず、

②各群または集合の要素数がそれぞれ1個の場合、各集合の平均は要素の値そのものであり、また各要素は実数であるので比較またはその結果から順序付けができる。ここで、全要素を空間Ωとする各集合に対応する補集合を求めると、各補集合の要素数は［(集合の数)－1］となって全ての補集合で同じになり、①によって比較や順序付けができる。続いて、

③集合の内の任意の1つの集合に1個の要素を追加する前後で、各集合の平均は要素が追加された集合のみが変わり、その他の集合は変化がない。一方、補集合の平均については要素を追加された集合に対応する補集合は変わらず、それ以外の補集合において変化があるので比較ができ、それらの結果を用いて順序付けが可能である。②のそれぞれの補集合の平均を初期値として数学的帰納法を用いて述べる。

④最後に、集合の平均と対応する補集合の平均は一対一対応が成り立ち、同値関係が成り立つので、補集合の平均の位置に対応する集合の平均に置き換える。この置き換えられた後の順位は数学的な順序付けの結果となる（これを分母の値を考慮した……と言う。例えば一人当たりのGDPの場合には「人口を考慮した一人当たりのGDP」とよぶ）。

# 2．簡単な例

表１には集合数（打者数）が４と野球選手の打率による順序付けを行った簡単な例を示す。３選手の打数は異なるが打率が0.300と同率であるため同順位となる。表２は本書に記載した方法を用いて打数を考慮した打率順序付けを行った結果である。打率が0.300と同率の３選手は最も打数の多いＣ打者が１位で、次に打数が多いＢ打者が２位、最後に最も打数の少ないＡ打者が３位となり、打率が0.200のＤ打者が４位となった。これは同じ打率でも打数が多い打者が上位となり、苦労した者が報われるという実感と結果が合致する。なお、この結果は本書で述べるが数学的な順序付けになっている。

表１　簡単な例（打率順序付け後）

| 打率順位 | 打者 | 打数 | 安打数 | 打率 |
|---|---|---|---|---|
| 1 | A | 10 | 3 | 0.300 |
| 1 | B | 100 | 30 | 0.300 |
| 1 | C | 500 | 150 | 0.300 |
| 4 | D | 10 | 2 | 0.200 |
| 合計 | | 620 | 185 | 0.298 |

表２　簡単な例（本書に記載の方法で順序付けした結果）

| 打数を考慮した打率順位 | 打者 | 打数 | 安打数 | 打率 | 補集合打率 |
|---|---|---|---|---|---|
| 1 | C | 500 | 150 | 0.300 | 0.2917 |
| 2 | B | 100 | 30 | 0.300 | 0.2981 |
| 3 | A | 10 | 3 | 0.300 | 0.2984 |
| 4 | D | 10 | 2 | 0.200 | 0.3000 |
| 合計 | | 620 | 185 | 0.298 | |

## ３．複数の平均の順序付けの従来の方法

### ａ．複数の平均の値による順序付けについて

得られた複数の平均を、それらの値（分数を小数に変換した値）または表記の見易さから、たとえば10万人あたりの医師数のように数値を変換した値によって順序付けを行うことが一般的に用いられている。手法の簡便さと対象となる複数の平均のすべてに対して順序付けが行えるため多用されているが、たとえば本書の事例として用いる『住民10万人あたりの医師数の都道府県別比較』を行う場合には、東京都の人口1300万人台と鳥取県の50万人台と、分母となる住民数が20倍以上異なり、単純にその平均値のみで比較することは数学的な順序付けとしては無理がある。

### ｂ．二段階選抜による順序付けについて

ａで議論した平均値の比較の前に第一ステップとして選抜する値を設定して、その値をクリアした平均のみに対して、第二ステップで平均値によって順序付けを行うもので、分母となる値がａの場合よりも絞り込まれるので順序付けの精度は上がるが、第一ステップの選抜する値は数学的に決まるわけではなく経験によって決められることが多い。また、第一ステップで選抜されなかった平均については順序付けが行われない。たとえばプロ野球の個人成績で打率や防御率で順序付けを行う場合には、第一ステップの選抜する値を長期の経験から規定打席数や規定投球回数を決定して選抜し、その後第二ステップで打率や防御率を用いて順序付けを行う。したがって第一ステップで規定値をクリアした選手のみに順位が付く。

### c．複数の平均の数学的な順序付けについて

ある対象の順序付けを行いたいと考えた場合、その対象を$\alpha$，$\beta$とすると対象間で常に大小関係が成り立つ。つまり$\alpha \leqq \beta$または$\alpha \geqq \beta$となることである。本書では順序付けを行う対象は実数であり、同順位も認めることとし等号も含めた。すなわち常に全順序関係が成り立つことにより順序付けが行える。

次に順序付けを行う対象が要素の複数の平均の場合には、まず各平均が算出される要素数が等しいときには、それぞれの平均の値の大小によって順序付けを行えばよい。しかし、要素数が異なる場合にはフィッシャーの正確確率検定やｔ検定、多重比較検定などの手法が用意されているが、平均の数が数十や数百の場合にはその適用が難しい。

# ４. 集合の主要項目

本書に関係する項目のみを述べる。その他については成書を読んでいただきたい。

いくつかの要素の集まりを集合と言い、要素のない空の集合を空集合とよび$\phi$で表す一方、全ての要素を含む集合を空間とよび$\Omega$で表す。空間$\Omega$に含まれる集合Ａ、Ｂに対して、ＡとＢの和集合とは、ＡまたはＢのどちらかに含まれる全ての要素から成る集合のことで$A \cup B$で表す。またＡとＢの積集合とは、ＡおよびＢの両方に含まれる全ての要素から成る集合のことで$A \cap B$と表す。ここでＡとＢの積集合が空集合すなわち$A \cap B = \phi$のときには、ＡとＢは互いに素である、または互いに排反な集合であると言う。集合が３つ以上の場合にも同様にしてそれらの集合の和や積を定めることができる。

次に、集合Ａの補集合とはＡに含まれない全ての要素から成る集合であり$A^C$と表される。したがって$A \cap A^C = \phi$、$A \cup A^C = \Omega$である。

# 5．集合の平均の大小の比較について

集合の平均とはその集合に含まれる要素の算術平均を指し、集合の平均の大小を考えるときには、その要素数がそれぞれ1個の場合と要素数が等しい場合、要素数が異なる場合の３つの場合がある。ここで集合に含まれる要素は実数であり、また要素間が互いに素であるとする。以下、これらの場合の集合の平均の大小比較について考えてみる。ここで順序付けを行う対象は実数であり、同順位も認めることとし等号も含める。

## 5.1　要素数がそれぞれ1個の場合

個々の実数は順序の性質を持っている。すなわち $a, b \in R$ のとき、$a < b, a = b, a > b$ のうち一つだけの関係を持ち、全順序関係が成り立つ。次に、$a_1, a_2, \cdots, a_p \in R$ のとき、同様にして $a_1, a_2, \cdots, a_p$ も順序の性質を持っている。また、$a_1 = x_{11}, a_2 = x_{21}, \cdots, a_p = x_{p1}$ として、$A_1, A_2, \cdots, A_p$ の p 個の集合にそれぞれ一つずつの要素として配すると、$A_1$：$\{x_{11}\}$, $A_2$：$\{x_{21}\}, \cdots, A_p$：$\{x_{p1}\}$ となる。ここで各集合の算術平均 $\overline{x_i}$（$i = 1, \cdots, p$）を求めると、集合 $A_1$ は $\overline{x_1} = \dfrac{x_{11}}{1} = x_{11}$、$A_2$ は $\overline{x_2} = \dfrac{x_{21}}{1} = x_{21}$ となり以下同様にして値が求まり、集合 $A_p$ は $\overline{x_p} = x_{p1}$ となる。したがって $\overline{x_1}, \overline{x_2}, \cdots, \overline{x_p}$ は順序付けが可能である。要素は観測値または測定値であり、要素の和と要素数による除算の演算によりそれらの値を算出することから非負であるとする。各集合の要素数が1個の場合には、集合の平均はそれぞれの集合に含まれる要素の値と同じになり、それらの数値を数直線上にプロットすることによってその大小を比較することができる。つまり水平な数直線上で、正の数は原点より右側の点で表され、負の数は原点より左側の点で表される。実数a, bについて、bがaより大きい（aがbより小さい）というのは、点bが点aより右側にあることであり、多数の要素があるときには、全要素を数直線上にプロットした後、最も右側にある点の要素を最大すなわち大きい方から第１位、その左側にある点を大きい方から第２位と、以下、順に順序付けしていき、最も左側にある点の要素を最小とする。

## 5.2　要素数が等しい場合

各集合の要素数が等しい場合には、それぞれの要素の和を要素数で割って、平均値を算出するか、または要素数が等しいのでそれらの和だけでもよく、それらを先の小節5.1の数値として、同様に数直線上にプロットしてその大小を判定することができる。

## 5.3　要素数が異なる場合

二群の場合はｔ検定、フィッシャーの正確確率検定、三群以上の場合には多重比較検定のテューキー・クレーマー法で正規分布、等分散の下で標本間の標本数の比率が２倍以下、標本数が極端に大きくない［標本数が等しくなるように計画した実験で、不慮の出来事などにより標本数が等しくなくなってしまうような場合が想定される］に用いられる。これらの場合以外で各集合の要素数が異なる場合には、一般的には大小の比較やそれを用いた順序付けはできないが、以下に述べる本書の方法で数学的に比較、順序付けを行うことができる。

# 6．集合および要素の測度論的定義

［参考文献：伊藤清三（1963)、竹内啓編（1989）参照］

現代社会には様々なデータが存在する。また、その収集も通信手段の多角化やインターネットの急速な発達、コンピュータの普及により容易になった。収集されたデータを有機的に結び付けて目的とする解析を行うことが必要であり、それらの順序付けを的確に行うことにより有効な結果を得ることが可能となる。

**定義6.1（有限加法族）**

N 個のデータまたは要素がその属性にしたがって p 個に分類されるとき、それぞれの要素を $x_{ij}$（$0 \leqq x_{ij} < \infty$, $i = 1, \cdots, p$, $j = 1, \cdots, n_i$）とすると $\sum_{i=1}^{p} n_i = N$ となる。一方、全要素の空間 Ω の部分集合の族 $\mathfrak{I}$ は、

$$\mathfrak{I} = \{\varphi, x_{11}, \cdots, x_{1n1}, \cdots, x_{p1}, \cdots, x_{pnp}, (x_{11}, x_{12}), \cdots, (x_{pnp}-1, x_{pnp}), \cdots, (x_{11}, \cdots, x_{1n1}), \cdots, (x_{11}, \cdots, x_{pnp})\}$$

となり、2N 個の要素を含む集合である。ここで、要素間は互いに素であると仮定する。

また、集合 $A_i$ を $A_i = \{x_{i1}, \cdots, x_{ini}\}$（$i = 1, \cdots, p$）とすると、

1．$\varphi \in \mathfrak{I}$
2．$A_i \in \mathfrak{I}$ ならば $A_i^c = \Omega - A_i \in \mathfrak{I}$
3．$A_i, A_j \in \mathfrak{I}$ ならば $A_i \cup A_j \in \mathfrak{I}$

また、$A_i, A_j \in \mathfrak{I}$（$i \neq j$, $i, j = 1, \cdots, p$）ならば $\cup_{i=1}^{p} A_i \in \mathfrak{I}$ なる三つの条件を満たすので $\mathfrak{I}$ を有限加法族ということができる。対象となる集合 $A_i$

とその補集合 $A_i^c$ は互いにそれぞれの集合が対応する。次に、

**定義6.2（有限加法測度）**

N 個のデータまたは要素がその属性にしたがって p 個に分類されるとき、それぞれの要素を $x_{ij}$（$0 \leqq x_{ij} < \infty$, $i = 1,\cdots, p$, $j = 1,\cdots, n_i$）とする。すべての要素からなる空間 Ω とその部分集合の有限加法族 $\mathfrak{I}$ について、$\mathfrak{I}$ 上で定義された集合関数 $m(x_{ij})$ が要素間で互いに素であるので集合 $A_i$ は異なる集合 $A_j$ の要素を含まないので集合 $A_i$（$i = 1,\cdots, p$）は互いに素であり、$A_i \cap A_k = \varphi$（$i \neq k$, $i, k = 1,\cdots, p$）である。

空間 Ω の部分集合の有限加法族 $\mathfrak{I}$ があって、$\mathfrak{I}$-集合関数を $m(A_i) = \sum_{j=1}^{n_i} x_{ij}$（$i = 1,\cdots, p$）とすると、要素が $x_{ij}$（$0 \leqq x_{ij} < \infty$, $i = 1,\cdots, p$, $j = 1,\cdots, n_i$）であり、集合 $A_i$（$i = 1,\cdots, p$）について集合関数は非負の有限の要素を有限個加算して要素数で割っているので、

1．すべての $A_i \in \mathfrak{I}$ に対して $0 \leqq m(A_i) < \infty$, $m(\varphi) = 0$ が成り立ち、
2．$A_i, A_k \in \mathfrak{I}$, $A_i \cap A_k = \varphi$（$i \neq k$）であり $m(A_i + A_k) = m(A_i) + m(A_k)$ を満たし、$m$ は $\mathfrak{I}$ 上の有限加法的測度である。

また、$A_i \in \mathfrak{I}$（$i = 1,\cdots, p$）, $A_i \cap A_k = \varphi$（$i \neq k$, $i, k = 1,\cdots, p$）であり、$m(\sum_{i=1}^{p} A_i) = \sum_{i=1}^{p} m(A_i)$ である。ここで、$\{x_{i1},\cdots, x_{in_i}\} = A_i \in \mathfrak{I}$（$i = 1,\cdots, p$）に対して、$\sum_{j=1}^{n_i} m(x_{ij}) = T_i$ とおいて、$A_i$ 集合の和とよぶ。

# 7．一般的な集合の平均のまとめ表について

たとえばチームや選手を集合として、安打数を要素の和、打数を要素数とするとき、安打数を打数で割った打率を平均として表３のようにまとめることができる。要素の和の合計を $T_N$ とし要素数の合計を N とすると $T_N$ を N で割った M を総平均と呼ぶ。

表３　一般的な集合の平均のまとめ表

| 集合 | 要素の和 | 要素数 | 平均 |
|---|---|---|---|
| $A_1$ | $T_1$ | $n_1$ | $\overline{x_1}$ |
| $A_2$ | $T_2$ | $n_2$ | $\overline{x_2}$ |
| ⋮ | ⋮ | ⋮ | ⋮ |
| $A_i$ | $T_i$ | $n_i$ | $\overline{x_i}$ |
| ⋮ | ⋮ | ⋮ | ⋮ |
| $A_p$ | $T_p$ | $n_p$ | $\overline{x_p}$ |
| 合計 | $T_N$ | N | M |

この時、安打を１、凡打を０で要素を表すと、チームや選手を集合として表４のように集合を要素によって表現できる。

表4　各集合の要素

| 集合 | 要素 |
|---|---|
| $A_1$ | $x_{11}\ x_{12} \cdots x_{1n1}$ |
| $A_2$ | $x_{21}\ x_{22} \cdots x_{2n2}$ |
| ⋮ | ⋮ |
| $A_i$ | $x_{i1}\ x_{i2} \cdots x_{ini}$ |
| ⋮ | ⋮ |
| $A_p$ | $x_{p1}\ x_{p2} \cdots x_{pnp}$ |

各集合の要素を含めた表5のようにまとめることができる。

表5　各集合を要素から表した結果

| 集合 | 要素 | 要素の和 | 要素数 | 平均 |
|---|---|---|---|---|
| $A_1$ | $x_{11}\ x_{12} \cdots x_{1n1}$ | $T_1$ | $n_1$ | $\overline{x_1}$ |
| $A_2$ | $x_{21}\ x_{22} \cdots x_{2n2}$ | $T_2$ | $n_2$ | $\overline{x_2}$ |
| ⋮ | ⋮ | ⋮ | ⋮ | ⋮ |
| $A_i$ | $x_{i1}\ x_{i2} \cdots x_{ini}$ | $T_i$ | $n_i$ | $\overline{x_i}$ |
| ⋮ | ⋮ | ⋮ | ⋮ | ⋮ |
| $A_p$ | $x_{p1}\ x_{p2} \cdots x_{pnp}$ | $T_p$ | $n_p$ | $\overline{x_p}$ |
| 合　　計 | | $T_N$ | $N$ | $M$ |

# 8．複数の集合の平均の順序付けについて

まず各要素｛$x_{ij}$｝は実数で、要素間および集合間では互いに素であるものとする。

集合 $A_1, A_2, \cdots, A_p$ の p 個の平均について、集合間の順序付けを行う場合について考える。まず、最初に各集合に１個ずつの要素を有する場合は $A_1$ から $A_p$ の集合は $A_1 = \{x_{11}\}, \cdots, A_i = \{x_{i1}\}, \cdots, A_p = \{x_{p1}\}$ と書き表せる。このとき各集合の平均は、要素数が１であるので各集合に含まれる要素の値そのものであり、全順序関係が成り立ち順序付けできる（表６）。次に集合 $A_i$（$i = 1, \cdots, p$）の全要素を空間として各集合に対応する補集合 $A_i^c$（$i = 1, \cdots, p$）を求めてみると、各補集合は（$p-1$）個の要素を含みそれらの平均も要素数が等しいので順序付けができ全順序関係が成り立つ（表6-1）。

表６　各集合の要素が１個の場合の集合の平均算出結果

| 集合 | 要素 | 要素の和 | 要素数 | 平均 |
|---|---|---|---|---|
| $A_1$ | $x_{11}$ | $T_1=x_{11}$ | 1 | $\overline{x_1}=x_{11}$ |
| $A_2$ | $x_{21}$ | $T_2=x_{21}$ | 1 | $\overline{x_2}=x_{21}$ |
| ⋮ | ⋮ | ⋮ | ⋮ | ⋮ |
| $A_i$ | $x_{i1}$ | $T_i=x_{i1}$ | 1 | $\overline{x_i}=x_{i1}$ |
| ⋮ | ⋮ | ⋮ | ⋮ | ⋮ |
| $A_p$ | $x_{p1}$ | $T_p=x_{p1}$ | 1 | $\overline{x_p}=x_{p1}$ |
| 合　計 | | $T_P$ | p | M |

表6-1　表６の補集合の結果

| 補集合 | 要素 | 要素の和 | 要素数 | 平均 |
|---|---|---|---|---|
| $A_1^c$ | $x_{21}\ x_{31}\ \cdots\ x_{p1}$ | $T_1^c$ | p-1 | $\overline{x_1^c}$ |
| $A_2^c$ | $x_{11}x_{31}\ \cdots\ x_{p1}$ | $T_2^c$ | p-1 | $\overline{x_2^c}$ |
| ⋮ | ⋮ | ⋮ | ⋮ | ⋮ |
| $A_i^c$ | $x_{11}x_{21}\cdots\ x_{p1}$ | $T_i^c$ | p-1 | $\overline{x_i^c}$ |
| ⋮ | ⋮ | ⋮ | ⋮ | ⋮ |
| $A_p^c$ | $x_{11}\ \cdots\ \cdots\ x_{p-11}$ | $T_p^c$ | p-1 | $\overline{x_p^c}$ |

ここで説明の内容を分かりやすくするため数学的帰納法から外れて、$A_k$ の集合に２個目の要素 $\{x_{k2}\}$ が追加され、その他の集合は１個のままの時について考える。各集合の平均は追加された $A_k$ 集合のみが $\overline{x_k}=(x_{k1}+x_{k2})/2$ となり、その他の集合の平均は $\overline{x_i}=x_{i1}$（$i\neq k,\ i=1,\cdots,p$）である（表７）。一方、補集合の平均は追加された集合に対応する $A_k^c$ 集合で $\overline{x_k^c}=\sum_{i=1,\ i\neq k}^{p} x_{i1}/(p-1)$、またその他の補集合 $A_i^c$（$i\neq k,\ i=1,\cdots,p$）の平均は $\overline{x_i^c}=(\sum_{i=1,\ i\neq i}^{p} x_{i1}+x_{k2})/p$ となる（表7-1）。

また要素 $\{x_{k2}\}$ を２個目の要素を1+1番目と言い直して、r+1番目とした時に下記に説明することと同じ内容で補集合の平均の全順序関係が継続する。

次に、全要素数が r のときに、全集合の和を $T_r$ とし各集合の和を $T_i$（$i=1,\cdots,p$）とするとき、これらの平均とすべての要素を空間として各集合に対応する補集合の平均の順序付けが成り立つと仮定する（表８、表8-1、表９）。

表７　表６に１個の要素が追加された後の集合の平均

| 集合 | 要素 | 要素の和 | 要素数 | 平均 |
|---|---|---|---|---|
| $A_1$ | $x_{11}$ | $T_1=x_{11}$ | 1 | $\overline{x_1}=x_{11}$ |
| $A_2$ | $x_{21}$ | $T_2=x_{21}$ | 1 | $\overline{x_2}=x_{21}$ |
| ⋮ | ⋮ | ⋮ | ⋮ | ⋮ |
| $A_k$ | $x_{k1}\ x_{k2}$ | $T_l=x_{k1}+x_{k2}$ | 2 | $\overline{x_k}=\frac{x_{k1}+x_{k2}}{2}$ |
| ⋮ | ⋮ | ⋮ | ⋮ | ⋮ |
| $A_i$ | $x_{i1}$ | $T_i=x_{i1}$ | 1 | $\overline{x_i}=x_{i1}$ |
| ⋮ | ⋮ | ⋮ | ⋮ | ⋮ |
| $A_p$ | $x_{p1}$ | $T_p=x_{p1}$ | 1 | $\overline{x_p}=x_{p1}$ |
| 合　計 | | $T_P$ | p+1 | M |

表7-1　表７の補集合の内訳

| 補集合 | 要素 | 要素の和 | 要素数 | 平均 |
|---|---|---|---|---|
| $A_1^c$ | $x_{21}\ x_{31}\ \cdots\ x_{k2}\ \cdots\ x_{p1}$ | $T_1^c$ | p | $\overline{x_1^c}$ |
| $A_2^c$ | $x_{11}\ x_{31}\ \cdots\ x_{k2}\ \cdots\ x_{p1}$ | $T_2^c$ | p | $\overline{x_2^c}$ |
| ⋮ | ⋮ | ⋮ | ⋮ | ⋮ |
| $A_k^c$ | $x_{11}\ x_{21}\cdots\ \cdots\ x_{p1}$ | $T_k^c$ | p-1 | $\overline{x_k^c}$ |
| ⋮ | ⋮ | ⋮ | ⋮ | ⋮ |
| $A_i^c$ | $x_{11}\ x_{21}\ \cdots\ x_{k2}\ \cdots\ x_{p1}$ | $T_i^c$ | p | $\overline{x_i^c}$ |
| ⋮ | ⋮ | ⋮ | ⋮ | ⋮ |
| $A_p^c$ | $x_{11}\ \cdots\ \cdots\ x_{k2}\ \cdots\ x_{p-11}$ | $T_p^c$ | p | $\overline{x_p^c}$ |

表８　全要素数がｒの場合の集合の平均

| 集合 | 要素 | 要素の和 | 要素数 | 平均 |
| --- | --- | --- | --- | --- |
| $A_1$ | $x_{11}\ x_{12} \cdots x_{1r1}$ | $T_1$ | $r_1$ | $\overline{x_1}$ |
| $A_2$ | $x_{21}\ x_{22} \cdots x_{2r2}$ | $T_2$ | $r_2$ | $\overline{x_2}$ |
| ⋮ | ⋮ | ⋮ | ⋮ | ⋮ |
| $A_i$ | $x_{i1}\ x_{i2} \cdots x_{iri}$ | $T_i$ | $r_i$ | $\overline{x_i}$ |
| ⋮ | ⋮ | ⋮ | ⋮ | ⋮ |
| $A_p$ | $x_{p1}\ x_{p2} \cdots x_{prp}$ | $T_p$ | $r_p$ | $\overline{x_p}$ |
| 合　計 | | $T_r$ | r | M |

表8-1　表８の補集合の結果

| 補集合 | 要素 | 要素の和 | 要素数 | 平均 |
| --- | --- | --- | --- | --- |
| $A_1^c$ | $x_{21}\ x_{22} \cdots x_{2r2}x_{31}\ x_{32} \cdots x_{3r3} \cdots x_{p1}\ x_{p2} \cdots x_{prp}$ | $T_1^c$ | $r-r_1$ | $\overline{x_1^c}$ |
| $A_2^c$ | $x_{11}\ x_{12} \cdots x_{1r1}x_{31}\ x_{32} \cdots x_{3r3} \cdots x_{p1}\ x_{p2} \cdots x_{prp}$ | $T_2^c$ | $r-r_2$ | $\overline{x_2^c}$ |
| ⋮ | ⋮ | ⋮ | ⋮ | ⋮ |
| $A_i^c$ | $x_{11}\ x_{12} \cdots x_{1r1}x_{21}\ x_{22} \cdots x_{2r2} \cdots x_{p1}\ x_{p2} \cdots x_{prp}$ | $T_i^c$ | $r-r_i$ | $\overline{x_i^c}$ |
| ⋮ | ⋮ | ⋮ | ⋮ | ⋮ |
| $A_p^c$ | $x_{11}\ x_{12} \cdots x_{1r1} \cdots \cdots \cdots x_{p-11}\ x_{p-12} \cdots x_{p-1rp-1}$ | $T_p^c$ | $r-r_p$ | $\overline{x_p^c}$ |

表９　全要素数ｒの集合の平均

| 集合 | 集合の平均 | 補集合の平均 |
| --- | --- | --- |
| すべての集合（注） | $\overline{x_i}=\frac{T_i}{r_i}$ | $\overline{x_i^c}=\frac{T_r-T_i}{r-r_i}$ |

（注）：{i＝1, ---,p}

さらに、r+1番目の要素｛$x_{mrm+1}$｝が追加された場合（表10、表10-1)、各集合の平均とすべての要素を空間として各集合に対応する補集合の平均は表11のようになる。集合の平均は要素が追加された一つの集合の平均のみがその影響を受けるが、補集合の平均は追加された集合を除いて残りの（p−1）個の補集合がその影響を受け変化する。ここで順序付けは、一次元の並び替えであり、それらの順序の組み合わせは順列で表される。つまりp個の集合の場合にはpの階乗（p!）となり、第一位の集合はp回の組み合わせであり、次の集合は（p−1）回の組み合わせで、以下同様に続き最後の集合は残った位置で決まってしまうため、（p−1）個の集合が決まるとp個の全体の順序が決定され、比較も定まる。逆に考えると（p−1）個の平均の変化がとらえられれば、それらの平均の順序と比較は定まる。つまり補集合の平均によって順序付けを行えば、分母となる要素数とは無関係に全順序関係が継続される。データ数または要素数がどんなに不揃いであっても順序付けが行える。

表10　表８の集合に１個の要素が追加された場合の集合の平均

| 集合 | 要素 | 要素の和 | 要素数 | 平均 |
|---|---|---|---|---|
| $A_1$ | $x_{11}\ x_{12} \cdots x_{1r1}$ | $T_1$ | $r_1$ | $\overline{x_1}$ |
| $A_2$ | $x_{21}\ x_{22} \cdots x_{2r2}$ | $T_2$ | $r_2$ | $\overline{x_2}$ |
| ⋮ | ⋮ | ⋮ | ⋮ | ⋮ |
| $A_m$ | $x_{m1}\ x_{m2} \cdots x_{mrm}\ x_{mrm+1}$ | $T_m+x_{mrm+1}$ | $r_m+1$ | $\overline{x_m}$ |
| ⋮ | ⋮ | ⋮ | ⋮ | ⋮ |
| $A_i$ | $x_{i1}\ x_{i2} \cdots x_{iri}$ | $T_i$ | $r_i$ | $\overline{x_i}$ |
| ⋮ | ⋮ | ⋮ | ⋮ | ⋮ |
| $A_p$ | $x_{p1}\ x_{p2} \cdots x_{prp}$ | $T_p$ | $r_p$ | $\overline{x_p}$ |
| 合　計 | | $T_r+x_{mrm+1}$ | $r+1$ | M |

表10-1　表10の補集合の平均の内訳

| 補集合 | 要素 | 要素の和 | 要素数 | 平均 |
|---|---|---|---|---|
| $A_1^c$ | $x_{21}\ x_{22} \cdots x_{2r2} x_{31}\ x_{32} \cdots x_{3r3} \cdots x_{mrm+1} \cdots x_{p1}\ x_{p2} \cdots x_{prp}$ | $T_1^c$ | $r-r_1+1$ | $\overline{x_1^c}$ |
| $A_2^c$ | $x_{11}\ x_{12} \cdots x_{1r1} x_{31}\ x_{32} \cdots x_{3r3} \cdots x_{mrm+1} \cdots x_{p1}\ x_{p2} \cdots x_{prp}$ | $T_2^c$ | $r-r_2+1$ | $\overline{x_2^c}$ |
| ⋮ | ⋮ | ⋮ | ⋮ | ⋮ |
| $A_m^c$ | $x_{11}\ x_{12} \cdots x_{1r1} x_{21}\ x_{22} \cdots x_{2r2} \cdots x_{p1}\ x_{p2} \cdots x_{prp}$ | $T_m^c$ | $r-r_m$ | $\overline{x_m^c}$ |
| ⋮ | ⋮ | ⋮ | ⋮ | ⋮ |
| $A_i^c$ | $x_{11}\ x_{12} \cdots x_{1r1} x_{21}\ x_{22} \cdots x_{2r2} \cdots x_{mrm+1} \cdots x_{p1}\ x_{p2} \cdots x_{prp}$ | $T_i^c$ | $r-r_i+1$ | $\overline{x_i^c}$ |
| ⋮ | ⋮ | ⋮ | ⋮ | ⋮ |
| $A_p^c$ | $x_{11}\ x_{12} \cdots x_{1r1} \cdots \cdots \cdots x_{mrm+1} \cdots x_{p-11}\ x_{p-12} \cdots x_{p-1rp-1}$ | $T_p^c$ | $r-r_p+1$ | $\overline{x_p^c}$ |

表11　全要素数 r の集合に 1 個の要素が追加された後の平均

| 集　合 | 集合の平均 | 補集合の平均 |
|---|---|---|
| 要素が追加された集合 | $\overline{x_m}=\dfrac{T_m+x_{mrm+1}}{r_m+1}$ | $\overline{x_m^c}=\dfrac{T_r-T_m}{r-r_m}$ |
| その他の集合（注） | $\overline{x_i}=\dfrac{T_i}{r_i}$ | $\overline{x_i^c}=\dfrac{T_r+x_{mrm+1}-T_i}{r+1-r_i}$ |

（注）：$\{i \neq m,\ i=1,\cdots,p\}$

# 9．集合の平均と補集合の平均の関係

次に $A_i$ 集合の要素数を $n_i$、要素の和を $T_i$ とすると、集合の平均は $\overline{x_i} = T_i/n_i$ で表される。また、全要素の和を $T_N$、全要素数を N とすると、補集合の平均 $\overline{x_i^c} = (T_N - T_i)/(N - n_i)$ は $T_i = \overline{x_i} n_i$ を代入して、集合の平均の式に整えると、

$$\overline{x_i} = \frac{T_N}{n_i} - \frac{N - n_i}{n_i} \overline{x_i^c}$$

と一次式で表され、補集合の平均の係数に負号（–）が付く。つまり集合の平均と対応する補集合の平均は1対1の対応が成り立ち、全単射となり同値関係が成り立つ。ただし大小関係は逆転することに注意する。したがって、全順序関係が継続する補集合の平均で順序付けを行い、その後同値関係にある対応する集合の平均に置き換える。

以上の議論をまとめると、データ数または要素数の異なる集合の平均の順序付けは次のような手順となる。

1．得られたデータの表について、データ数とデータの和より、各集合の平均を算出する。
2．得られた表について全データ数と全データ合計を算出する。
3．各集合の全要素を空間とする補集合を各集合に対応して算出する。
4．各補集合の平均を算出する。
5．算出した平均によって、補集合の順序を決める［補集合の平均を小さい方から大きい方に並べると、集合の平均は大きい方から小さい方の順序付けとなる。一方、補集合の平均を大きい方から小さい方に並べる場合には逆になる］。

6．補集合に対応した集合を置き換える。すると、集合の平均の順序は数学的に決まった順序となる（Excel の場合は集合の平均と補集合の平均の列間を開けずに配置して、補集合の平均で［たとえば降順に］順序付け後、集合の平均は［降順の逆の昇順］に順序付けされる）。

本書では、補集合の平均に対して、同値関係を用いて順位付けした集合の平均をデータ数または要素数を考慮した平均（たとえば住民数を考慮した平均）と呼ぶ。

# 10. 要素数が特別の場合

## 10.1　各集合の要素数が等しいとき

各集合の要素数は $n_i = n$ となって補集合の平均は $\overline{x_i^c} = (T_N - T_i)/(N - n)$ と要素の和のみの関数となり、集合の平均 $\overline{x_i} = T_i/n$ も要素の和のみの関数である。したがって、順序付けは集合の平均の値によって行えばよい。

## 10.2　各集合の要素数が要素数合計に比べて小さいとき

補集合の平均 $\overline{x_i^c} = (T_N - T_i)/(N - n)$ の分母分子を要素数合計 N で割ると $\overline{x_i^c} = (T_N/N - T_i/N)/(1 - n_i/N)$ となる。$N \to \infty$ の時には $n_i/N \to 0$ となるので総平均を $M = T_N/N$ として $\overline{x_i^c} = M - T_i/N$ となり、各集合の要素数が要素数合計に比べて小さいときには総平均に近づく。

従って、もし集合の要素数が全要素数に比べて極端に小さい時には、数学的な順序付けの議論とは異なるが、対象外とすることも可能である。

## 10.3　要素数が大なるとき

各集合の平均が総平均 M より大なるとき、要素数が大なる場合平均はより大となる一方、平均が総平均 M より小なるとき要素数が大なる場合には平均はより小となる（図1、図2）。

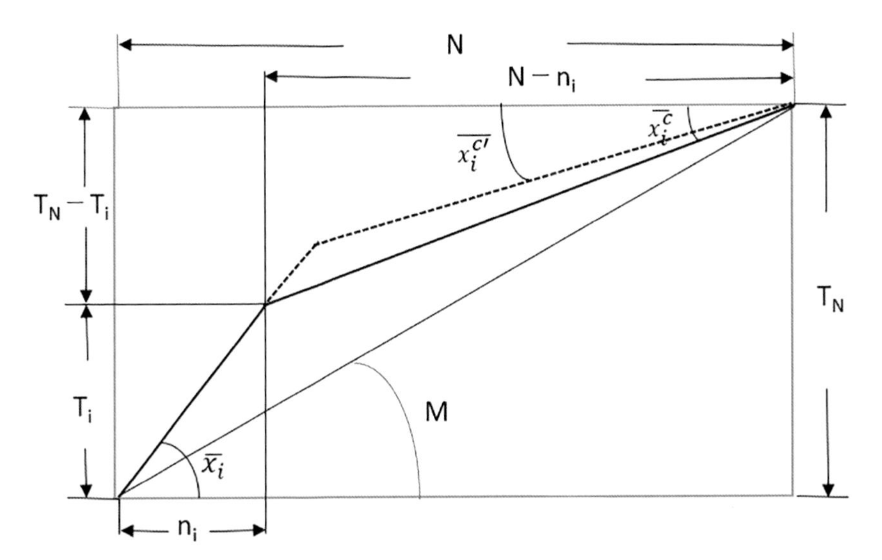


図１　集合の平均と補集合の平均と要素数と集合の和の関係１（総平均 M 以上の場合）

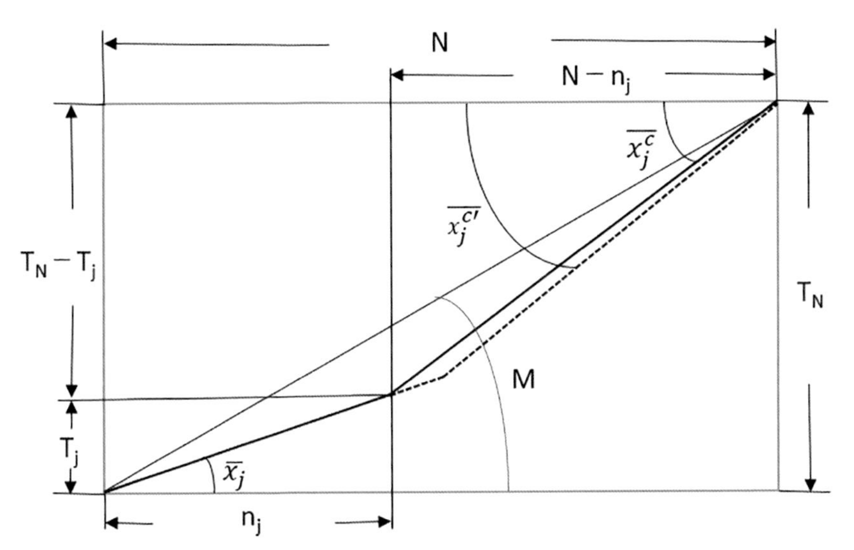


図２　集合の平均と補集合の平均と要素数と集合の和の関係２（総平均 M 未満の場合）

# 11. 総平均に対する集合の平均の位置関係と典型的な数値例

集合の平均 $\overline{x_i}$（i = 1,…, p）が総平均 $M = T_N/N$ ｛$T_N$：全集合和、N：全要素数｝を境にして総平均以上の場合には、集合和と要素数と平均の関係は図１のようになり、総平均未満の場合は図２のようになる。つまり、集合の平均 $\overline{x_i}$ が総平均 M 以上の場合に要素数 $n_i$ が大きい時には、同じ集合の平均 $\overline{x_i}$ でも補集合の平均 $\overline{x_i^c}$ は小さくなる。一方、集合の平均 $\overline{x_j}$ が総平均 M 未満の場合には、同じ集合の平均 $\overline{x_j}$ でも補集合の平均 $\overline{x_j^c}$ は大きくなる。

そこで典型的な数値例として野球の打率の比較について見てみる。すなわち各集合の平均（打率）が総平均（0.200）の上（0.350, 0.300, 0.250)、下（0.150, 0.100, 0.050）と等しい（0.200）場合の三種類で、要素数（打数）がそれぞれ大（600)、中（400)、小（200）の三種類となった場合の、表12に示すような21集合の数値事例について評価してみる。次に、打数合計と安打数合計を算出して総平均（0.200）を求め、打率の順序付け後の結果を表13に示し、図４と図５に各集合の数値関係を示す。表13の打率順位では打率が0.350の打者A、H、Sの三者が同率で１位となる。打数はAが600、Bが400、Cが200であるが、打率にはその差が反映されないため差異は見られない。同様に打率が0.300でも三打者が２位となり、以下同様に同率の打者が複数存在する。総平均と同じ0.200の打率のD、K、Vの三打者も同率４位である。一方、表14の打数を考慮した打率順位では１位は打数600で打率が0.350の打者Aであるが、２位は打数600で打率0.300の打者Bとなる。３位は打率が0.350であるが打数400の打者Hと、打率のみを見た場合と入れ替わる。以下４から９位までは表に示すように決まり、10位は総平均と同じ打率0.200の打者D、K、Vの三打者が打数は異なるが同じ順位となる。これは、図４に見られるように集合の平均 $\overline{x_i}$ が0.200と総平均Mが0.200に等しいとき補集合の平均 $\overline{x_i^c}$ も0.200になるためである。最後に打数を考慮した打率順位の20位と21位には打数600の打率0.100と0.050の打者FとGとなり、19位の打者Rは打率が0.050で打数が400である。つまり集合の平均（打率）が総平均以下の場合には、打率が同じでも打数を考慮した打率順位は要素数（打数）が大きい方が下位となる。逆に言うと集合の平均（打率）が総平均以上の場合には先に述べたように打数600、打率0.350の打者Aが１位で同じ打率0.350の打者Hが打数400で３位と、要素数（打数）が大きい方が上位となる。

全打数に対する各打者の打数の割合を横軸に補集合打率（打数を考慮した打率に置き換える前の大小逆転のもの）を縦軸に表したグラフを図３に示す。表14の順序付けの元データの状況がよくわかると思う。

表12　典型的な数値例

| 打者 | 打数 | 安打数 | 打率 |
|---|---|---|---|
| A | 600 | 210 | 0.350 |
| B | 600 | 180 | 0.300 |
| C | 600 | 150 | 0.250 |
| D | 600 | 120 | 0.200 |
| E | 600 | 90 | 0.150 |
| F | 600 | 60 | 0.100 |
| G | 600 | 30 | 0.050 |
| H | 400 | 140 | 0.350 |
| I | 400 | 120 | 0.300 |
| J | 400 | 100 | 0.250 |
| K | 400 | 80 | 0.200 |
| L | 400 | 60 | 0.150 |
| Q | 400 | 40 | 0.100 |
| R | 400 | 20 | 0.050 |
| S | 200 | 70 | 0.350 |
| T | 200 | 60 | 0.300 |
| U | 200 | 50 | 0.250 |
| V | 200 | 40 | 0.200 |
| W | 200 | 30 | 0.150 |
| X | 200 | 20 | 0.100 |
| Y | 200 | 10 | 0.050 |

表13　典型的な数値例（打率順位算出後）

| 打率順位 | 打者 | 打数 | 安打数 | 打率 |
|---|---|---|---|---|
| 1 | A | 600 | 210 | 0.350 |
| 1 | H | 400 | 140 | 0.350 |
| 1 | S | 200 | 70 | 0.350 |
| 2 | B | 600 | 180 | 0.300 |
| 2 | I | 400 | 120 | 0.300 |
| 2 | T | 200 | 60 | 0.300 |
| 3 | C | 600 | 150 | 0.250 |
| 3 | J | 400 | 100 | 0.250 |
| 3 | U | 200 | 50 | 0.250 |
| 4 | D | 600 | 120 | 0.200 |
| 4 | K | 400 | 80 | 0.200 |
| 4 | V | 200 | 40 | 0.200 |
| 5 | E | 600 | 90 | 0.150 |
| 5 | L | 400 | 60 | 0.150 |
| 5 | W | 200 | 30 | 0.150 |
| 6 | F | 600 | 60 | 0.100 |
| 6 | Q | 400 | 40 | 0.100 |
| 6 | X | 200 | 20 | 0.100 |
| 7 | G | 600 | 30 | 0.050 |
| 7 | R | 400 | 20 | 0.050 |
| 7 | Y | 200 | 10 | 0.050 |
| 合計[総平均] | | 8400 | 1680 | 0.200 |

## 表14　典型的な数値例（打数を考慮した打率順位算出後）

| 打数を考慮した打率順位 | 打者 | 打数 | 安打数 | 打率 | 補集合打数 | 補集合安打数 | 補集合打率 |
|---|---|---|---|---|---|---|---|
| 1 | A | 600 | 210 | 0.350 | 7800 | 1470 | 0.1885 |
| 2 | B | 600 | 180 | 0.300 | 7800 | 1500 | 0.1923 |
| 3 | H | 400 | 140 | 0.350 | 8000 | 1540 | 0.1925 |
| 4 | I | 400 | 120 | 0.300 | 8000 | 1560 | 0.1950 |
| 5 | C | 600 | 150 | 0.250 | 7800 | 1530 | 0.1962 |
| 6 | S | 200 | 70 | 0.350 | 8200 | 1610 | 0.1963 |
| 7 | J | 400 | 100 | 0.250 | 8000 | 1580 | 0.1975 |
| 8 | T | 200 | 60 | 0.300 | 8200 | 1620 | 0.1976 |
| 9 | U | 200 | 50 | 0.250 | 8200 | 1630 | 0.1988 |
| 10 | D | 600 | 120 | 0.200 | 7800 | 1560 | 0.2000 |
| 10 | K | 400 | 80 | 0.200 | 8000 | 1600 | 0.2000 |
| 10 | V | 200 | 40 | 0.200 | 8200 | 1640 | 0.2000 |
| 13 | W | 200 | 30 | 0.150 | 8200 | 1650 | 0.2012 |
| 14 | X | 200 | 20 | 0.100 | 8200 | 1660 | 0.2024 |
| 15 | L | 400 | 60 | 0.150 | 8000 | 1620 | 0.2025 |
| 16 | Y | 200 | 10 | 0.050 | 8200 | 1670 | 0.2037 |
| 17 | E | 600 | 90 | 0.150 | 7800 | 1590 | 0.2038 |
| 18 | Q | 400 | 40 | 0.100 | 8000 | 1640 | 0.2050 |
| 19 | R | 400 | 20 | 0.050 | 8000 | 1660 | 0.2075 |
| 20 | F | 600 | 60 | 0.100 | 7800 | 1620 | 0.2077 |
| 21 | G | 600 | 30 | 0.050 | 7800 | 1650 | 0.2115 |
| 合計[総平均] | | 8400 | 1680 | 0.200 | | | |

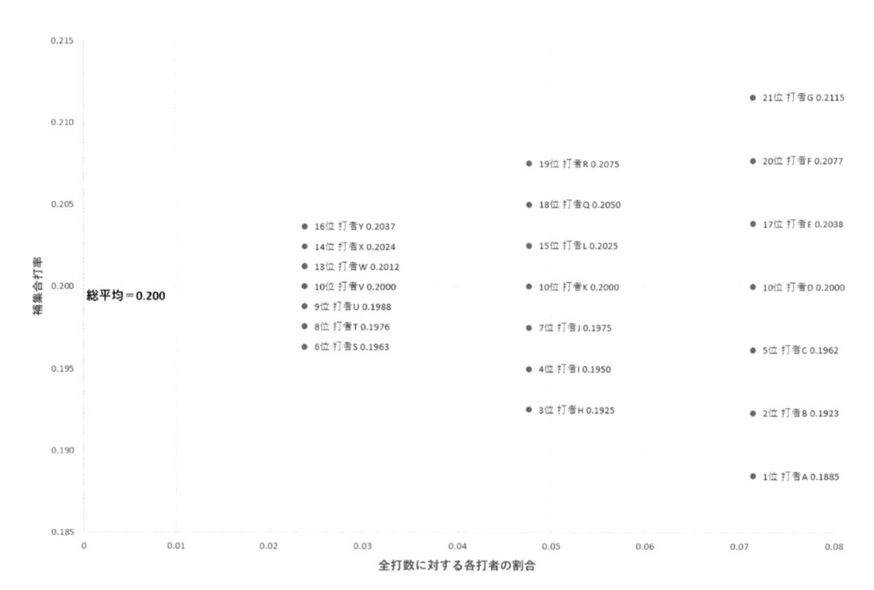


図3　全打数に対する各打者の打数の割合と補集合打率の関係

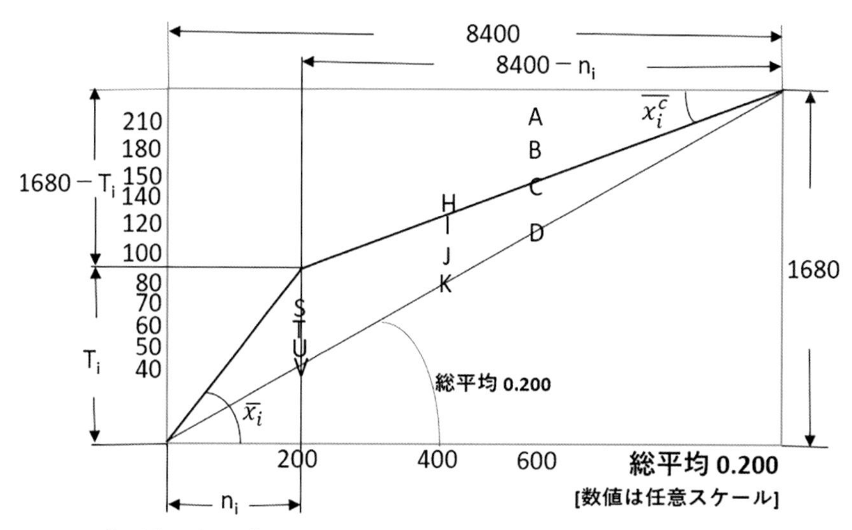


図４　典型的な例の集合の平均と補集合の平均と要素数と集合の和の関係１（総平均以上の場合）

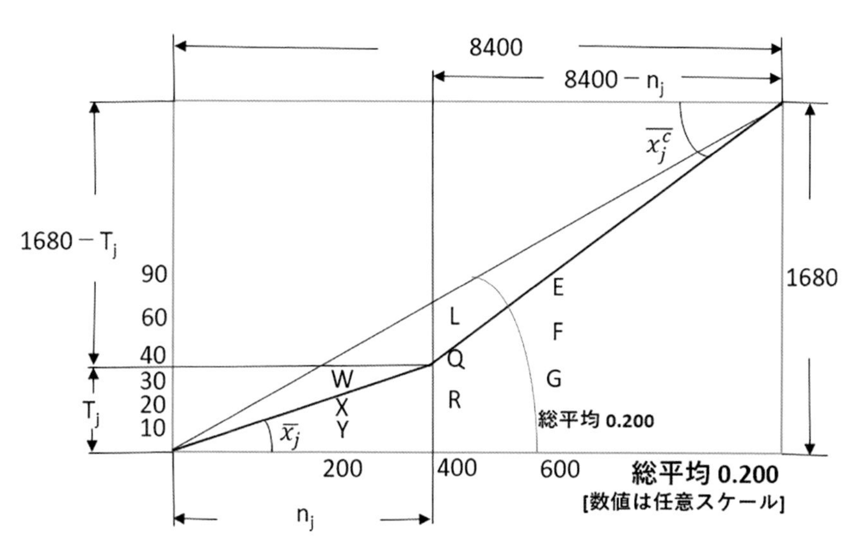


図５　典型的な例の集合の平均と補集合の平均と要素数と集合の和の関係２（総平均未満の場合）

コラム

## 順位グラフに一つの項目を追加した分析と広範囲のデータの表記法

分析に用いられるグラフには順位分析、比較分析、推移分析、内訳分析、関係分析があり、分析表現機能を用いてデータ分析を行うことができる。特に順位分析では並ぶ項目の傾向やデータの発生状況によってモデルとするグラフと検討するグラフを併記すると問題や課題を見出しやすい。加えて、順位グラフに一つの項目を追加して複合グラフとして表示するとそれらの差が明確になることが多い。またグラフの数値範囲が、たとえば1～10,000のように広い場合には対数目盛で表すと差が明示できる。

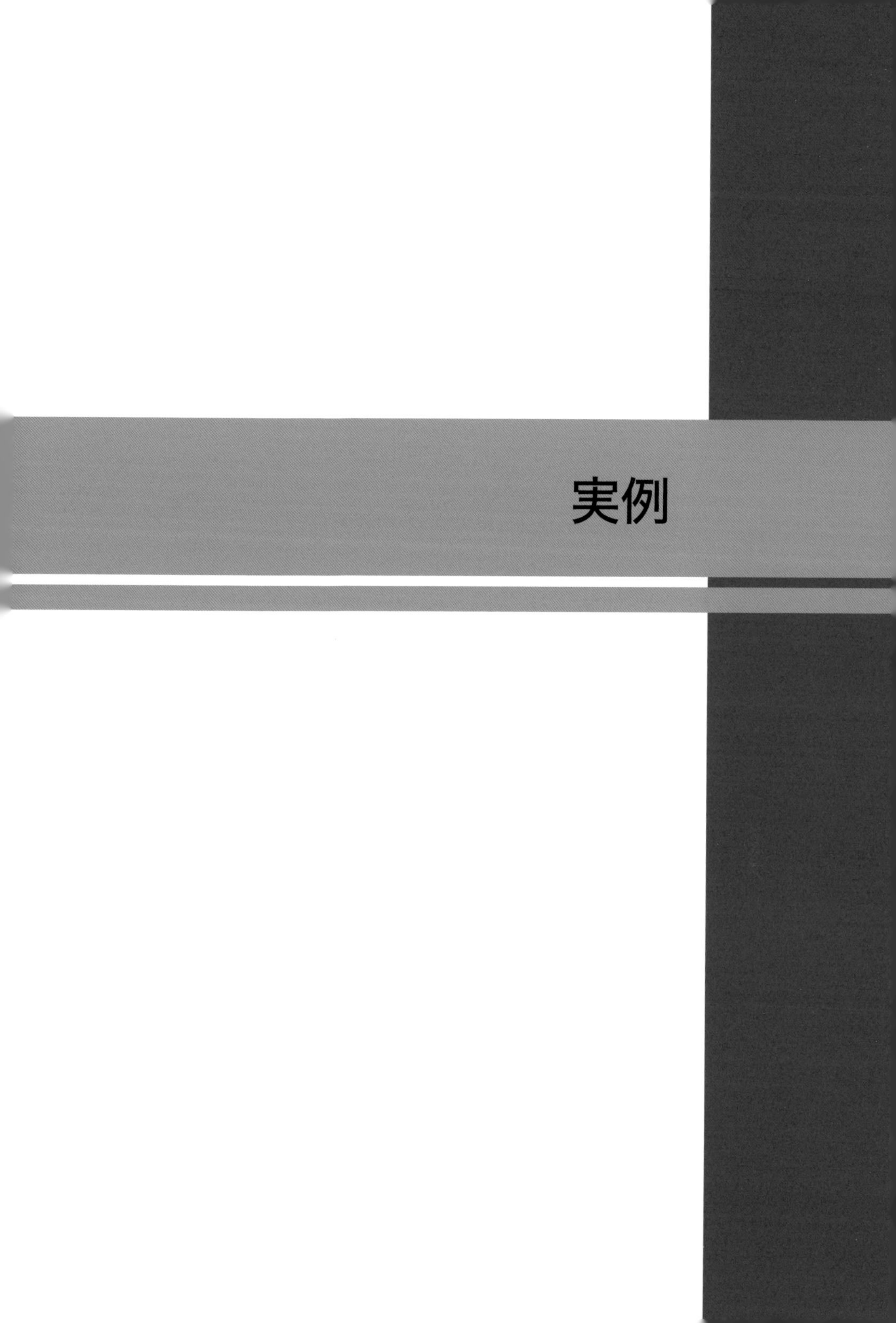

# 実例

# 1．世界の大国を探る

国の強弱を観る方法はいろいろあるが、その中で国内総生産（GDP）によって国力を表すときには①国別の GDP 額の大小、②世界の GDP 合計に対する国別 GDP の割合または構成比、③住民１人あたりの GDP 大小などが用いられる。総務省統計局が毎年発行する『世界の統計』でも第３章国民経済計算で3-1世界の国内総生産（名目 GDP, 構成比）、3-2国内総生産（名目 GDP, 米ドル表示）、3-3 １人当たりの国内総生産などが掲載されている。そこで同書の出典元である UN 国際連合 National Accounts-Analysis of Main Aggregates（AMA）国民経済計算データベースと World Population Prospects 世界の推計人口より入手したデータを用い、表15に1970年から2018年の米ドル表示の各国別名目 GDP を新旧含めて220カ国を抜粋して示す。なお国名の Former は旧を示す。対象国は表16に示す通りで、東西統合前の1970年からドイツは表記されているので、本書ではそのまま用いた。また、図６に折れ線グラフで表して示すが名目 GDP の下位国が集中してしまうので、図７に縦軸の GDP を対数（log）表示で表し、年毎の対象国数を図の下部に示す。1970年から2018年の49年の全期間を通じて米国が一位を堅持し、第二位は1977年までは旧ソ連が、1978年から2009年までは日本が、2010年以降は中国となった。

図８には2015年の GDP について横軸に GDP 額の大きい国順に212カ国［国名は文字の明示性を考慮して３カ国毎に表示］を、図９には GDP 額の上位、下位各50カ国を示した。上位５カ国には米国、中国、日本、ドイツ、イギリスが、下位５カ国にはマーシャル諸島、キリバス、ナウル、モントセラト、ツバルがあり１位の米国と212位のツバルでは50万倍の差がある。

表15　各国別名目 GDP の推移（100億米ドル、抜粋）

| Country | 1970 | 1971 | 1972 | … | 2016 | 2017 | 2018 |
|---|---|---|---|---|---|---|---|
| Afghanistan | 854.51 | 922.32 | 1041.31 | … | 10265.63 | 10789.07 | 11319.89 |
| Albania | 852.46 | 920.10 | 1038.73 | … | 10221.89 | 10742.26 | 11269.55 |
| Algeria | 854.36 | 922.22 | 1040.84 | … | 10253.91 | 10776.92 | 11307.19 |
| Andorra | 852.55 | 920.16 | 1038.72 | … | 10219.24 | 10739.58 | 11266.95 |
| Angola | 852.87 | 920.56 | 1039.32 | … | 10245.65 | 10766.31 | 11299.11 |
| Anguilla | 852.57 | 920.18 | 1038.74 | … | 10219.50 | 10739.86 | 11267.24 |
| Antigua and Barbuda | 852.57 | 920.18 | 1038.75 | … | 10219.46 | 10739.82 | 11267.19 |
| Argentina | 849.15 | 915.67 | 1035.68 | … | 10204.25 | 10717.03 | 11264.79 |
| ⋮ | ⋮ | ⋮ | ⋮ | … | ⋮ | ⋮ | ⋮ |
| Yemen Democratic (Former) | 852.84 | 920.48 | 1039.08 | … | – | – | – |
| Yugoslavia (Former) | 853.24 | 920.90 | 1039.91 | … | – | – | – |
| Zambia | 853.07 | 920.77 | 1039.41 | … | 10239.16 | 10760.54 | 11289.43 |
| Zanzibar | – | – | – | … | 10221.40 | 10741.87 | 11269.39 |
| Zimbabwe | 853.11 | 920.75 | 1039.36 | … | 10236.07 | 10757.30 | 11285.49 |

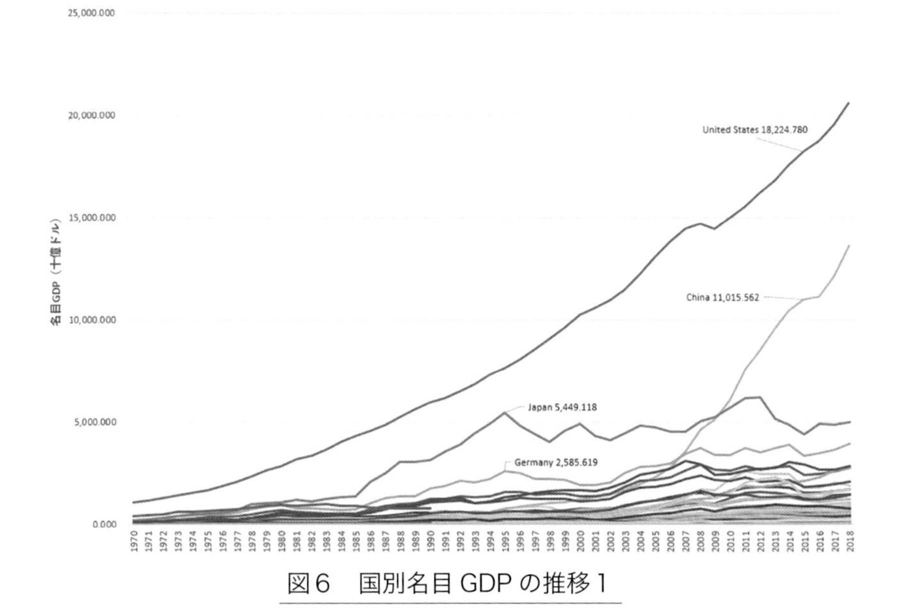


図6　国別名目 GDP の推移1

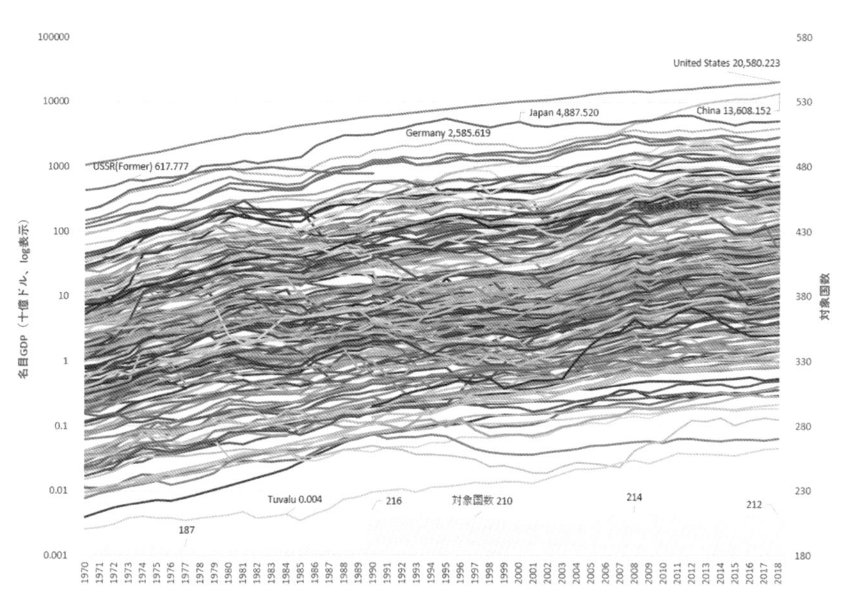


図7　国別名目 GDP の推移２（log 表示）

表16　GDP 対象国（新旧含めて220カ国）

| Afghanistan | Bhutan | Comoros | Estonia | Honduras | Lesotho | Mozambique | Portugal | Solomon Islands | Turkmenistan |
|---|---|---|---|---|---|---|---|---|---|
| Albania | Bolivia (Plurinational State of) | Congo | Eswatini | Hungary | Liberia | Myanmar | Puerto Rico | Somalia | Turks and Caicos Islands |
| Algeria | Bosnia and Herzegovina | Cook Islands | Ethiopia | Iceland | Libya | Namibia | Qatar | South Africa | Tuvalu |
| Andorra | Botswana | Costa Rica | Ethiopia (Former) | India | Liechtenstein | Nauru | Republic of Korea | South Sudan | U.R. of Tanzania: Mainland |
| Angola | Brazil | Côte d'Ivoire | Fiji | Indonesia | Lithuania | Nepal | Republic of Moldova | Spain | Uganda |
| Anguilla | British Virgin Islands | Croatia | Finland | Iran (Islamic Republic of) | Luxembourg | Netherlands | Romania | Sri Lanka | Ukraine |
| Antigua and Barbuda | Brunei Darussalam | Cuba | Former Netherlands Antill | Iraq | Madagascar | New Caledonia | Russian Federation | St. Vincent and the Grenadines | United Arab Emirates |
| Argentina | Bulgaria | Curaçao | France | Ireland | Malawi | New Zealand | Rwanda | State of Palestine | United Kingdom |
| Armenia | Burkina Faso | Cyprus | French Polynesia | Israel | Malaysia | Nicaragua | Saint Kitts and Nevis | Sudan | United States |
| Aruba | Burundi | Czechia | Gabon | Italy | Maldives | Niger | Saint Lucia | Sudan (Former) | Uruguay |
| Australia | Cabo Verde | Czechoslovakia (Former) | Gambia | Jamaica | Mali | Nigeria | Samoa | Suriname | USSR (Former) |
| Austria | Cambodia | D.P.R. of Korea | Georgia | Japan | Malta | North Macedonia | San Marino | Sweden | Uzbekistan |
| Azerbaijan | Cameroon | D.R. of the Congo | Germany | Jordan | Marshall Islands | Norway | Sao Tome and Principe | Switzerland | Vanuatu |
| Bahamas | Canada | Denmark | Ghana | Kazakhstan | Mauritania | Oman | Saudi Arabia | Syrian Arab Republic | Venezuela (Bolivarian Republic of) |
| Bahrain | Cayman Islands | Djibouti | Greece | Kenya | Mauritius | Pakistan | Senegal | Tajikistan | Viet Nam |
| Bangladesh | Central African Republic | Dominica | Greenland | Kiribati | Mexico | Palau | Serbia | Thailand | Yemen |
| Barbados | Chad | Dominican Republic | Grenada | Kosovo | Micronesia (FS of) | Panama | Seychelles | Timor-Leste | Yemen Arab Republic (Former) |
| Belarus | Chile | Ecuador | Guatemala | Kuwait | Monaco | Papua New Guinea | Sierra Leone | Togo | Yemen Democratic (Former) |
| Belgium | China | Egypt | Guinea | Kyrgyzstan | Mongolia | Paraguay | Singapore | Tonga | Yugoslavia (Former) |
| Belize | China, Hong Kong SAR | El Salvador | Guinea-Bissau | Lao People's DR | Montenegro | Peru | Sint Maarten (Dutch part) | Trinidad and Tobago | Zambia |
| Benin | China, Macao SAR | Equatorial Guinea | Guyana | Latvia | Montserrat | Philippines | Slovakia | Tunisia | Zanzibar |
| Bermuda | Colombia | Eritrea | Haiti | Lebanon | Morocco | Poland | Slovenia | Turkey | Zimbabwe |

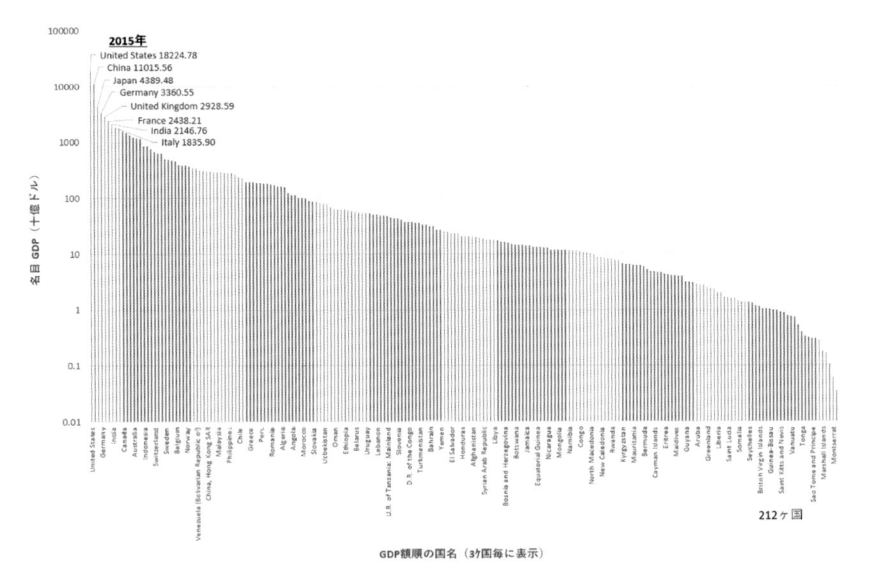


図８　各国の GDP 額順（左から）表示［2015年］ 1

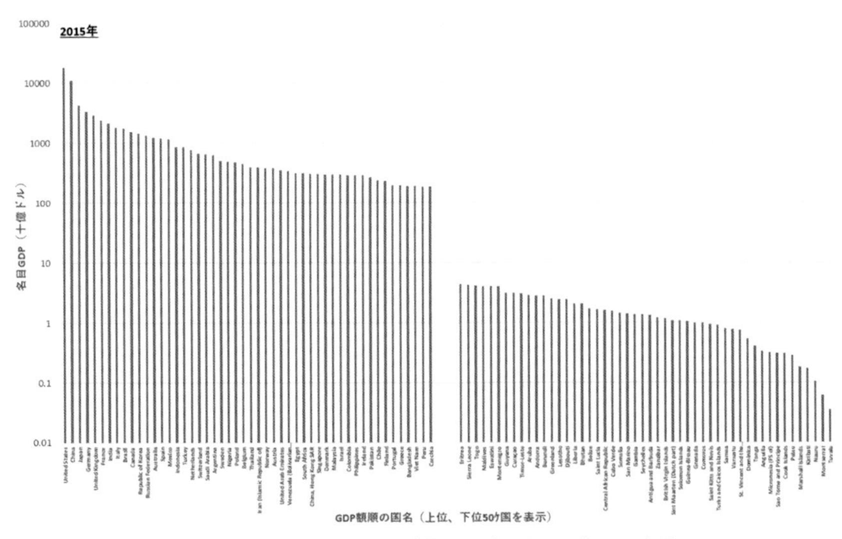


図９　各国の GDP 額順（左から）表示［2015年］ 2

図10には1970年から2018年のGDP構成比推移を示す。全期間を通じて21〜32%を米国が占め、旧ソ連は1970年に12.7%であったが、その後構成比が下がり1990年に崩壊した。一方日本は1970年に6.2%でその後徐々に増えて1995年に17.5%となった後、低下傾向を示し2018年には5.8%となってしまった。これに対して中国は1970年から2000年までは２%前後であったが、21世紀に入って急激に増えて2018年には15.9%となった。図11と図12には2015年のGDP構成比を示すが、米国が24.3%、中国が14.7%、日本が5.9%、ドイツが4.5%と上位４カ国で約半分を占める。

次に、図13は各国の総人口の1970年から2018年の推移を示す。全期間を通じて中国が１位、インドが２位で、旧ソ連が1990年の崩壊前までは３位でその後は米国である。図14では前図をlog表示で示すが、人口１億人以上の国はごく少数であることが分かる。図15と図16は2015年の各国の総人口で、211カ国中１億人以上の国は13カ国で、1000万人以上の国は87カ国、100万人以上の国は159カ国である。

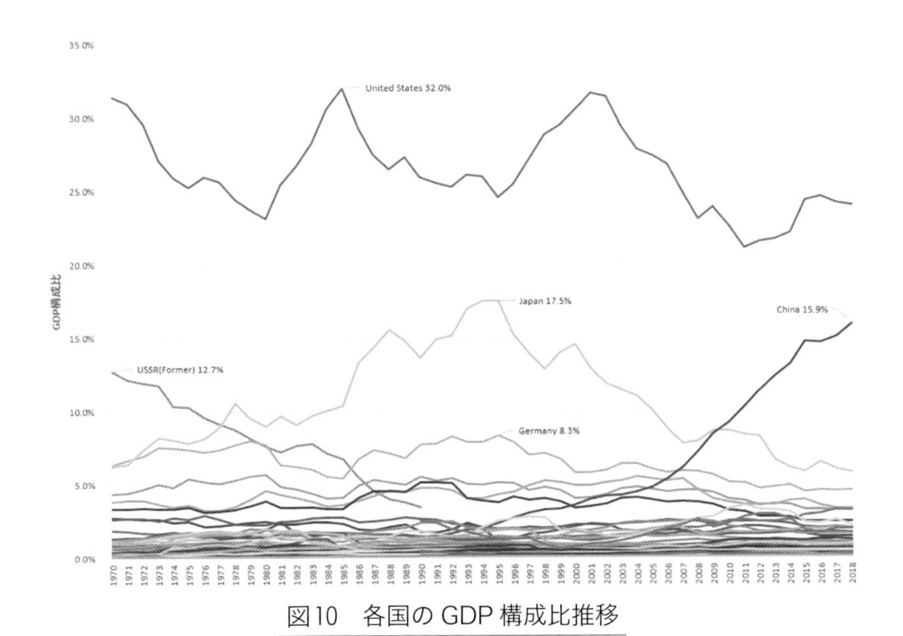


図10　各国のGDP構成比推移

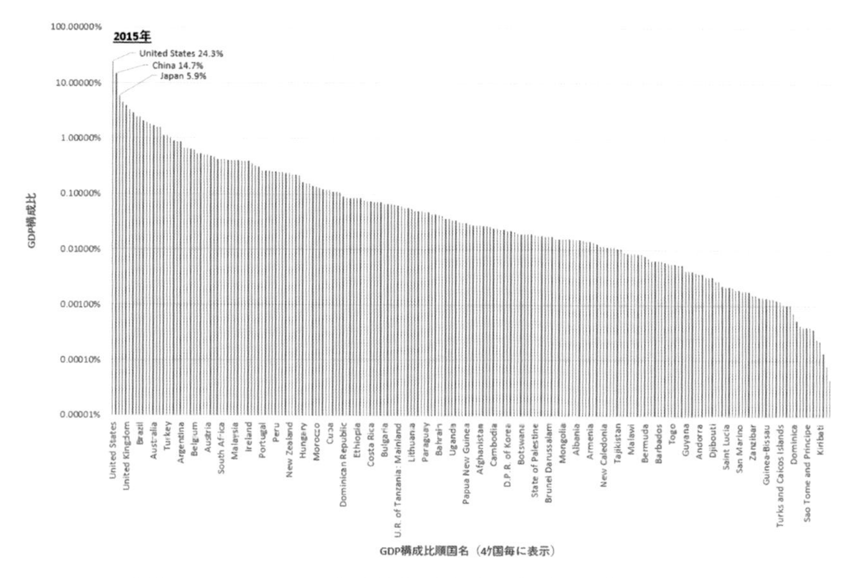


図11　各国のGDP構成比順（左から）表示［2015年］ 1

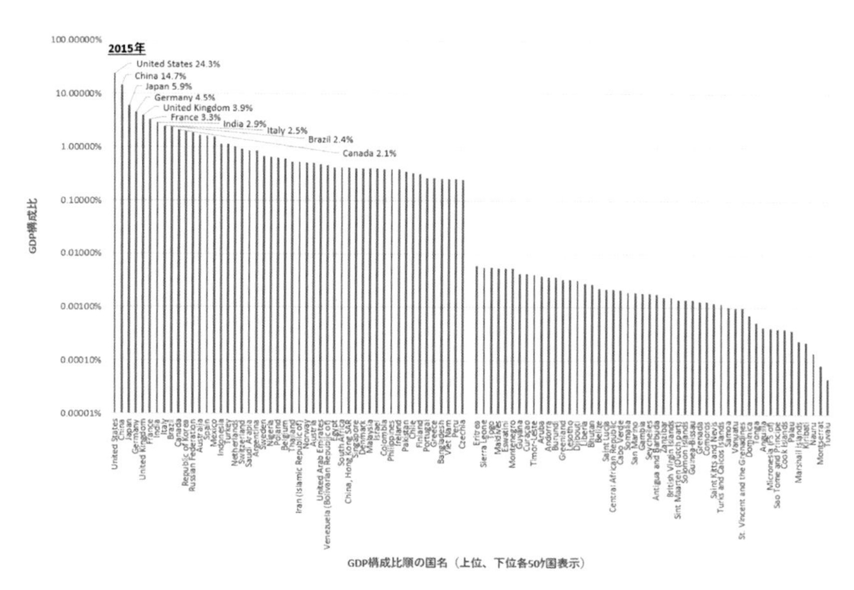


図12　各国のGDP構成比順（左から）表示［2015年］ 2

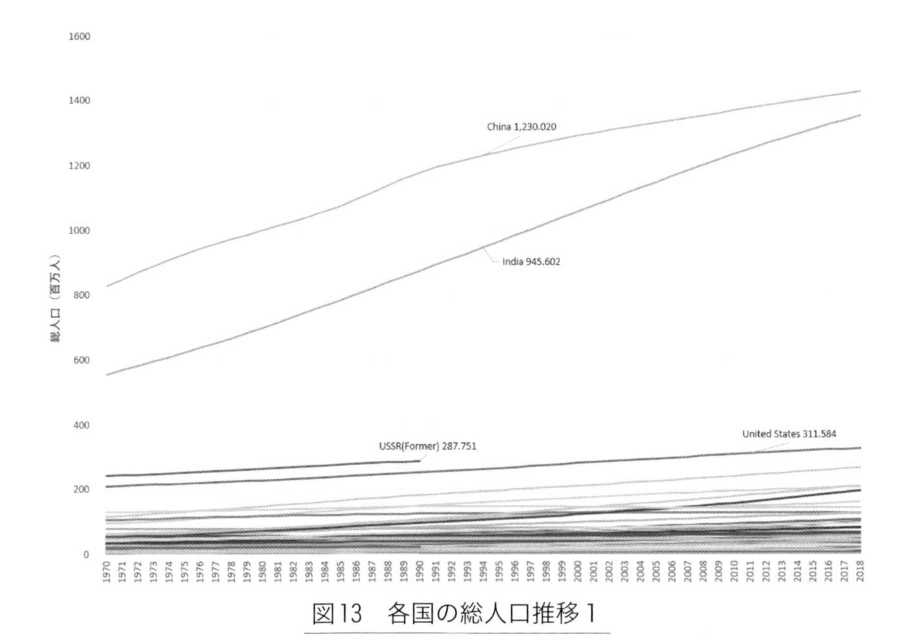


図13　各国の総人口推移１

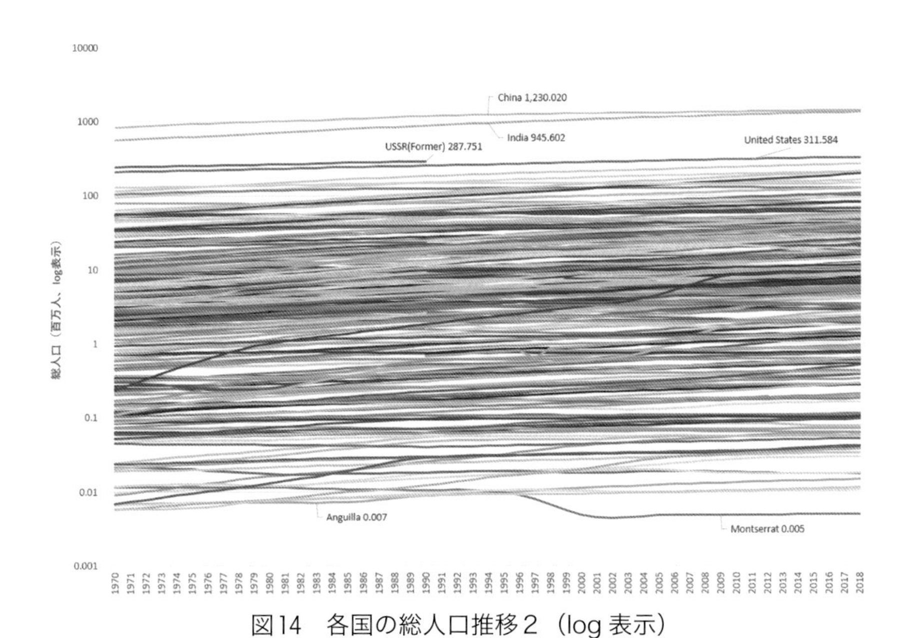


図14　各国の総人口推移２（log 表示）

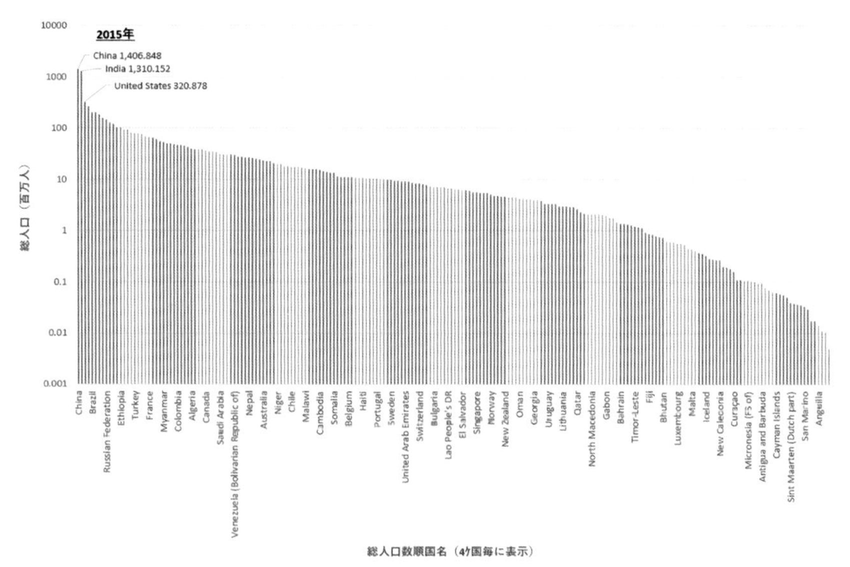


図15　各国の総人口順（左から）表示［2015年］ 1

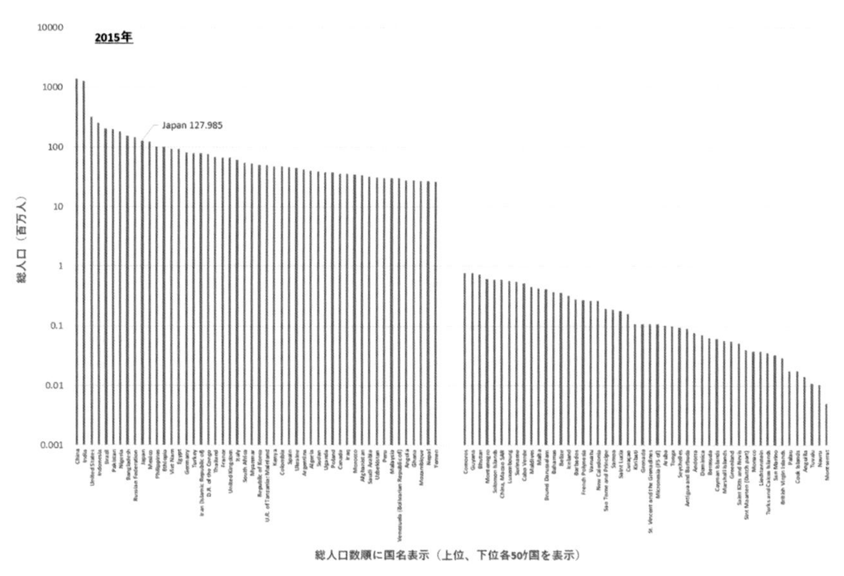


図16　各国の総人口順（左から）表示［2015年］ 2

表17　1人あたりのGDP推移（米ドル/人、抜粋）

| Country | 1970 | 1971 | 1972 | … | 2016 | 2017 | 2018 |
|---|---|---|---|---|---|---|---|
| Afghanistan | 157 | 160 | 135 | … | 572 | 593 | 552 |
| Albania | 1,053 | 1,058 | 1,064 | … | 4,109 | 4,516 | 5,224 |
| Algeria | 356 | 361 | 469 | … | 3,946 | 4,044 | 4,115 |
| Andorra | 4,098 | 4,426 | 5,336 | … | 37,223 | 39,231 | 42,052 |
| Angola | 646 | 663 | 656 | … | 3,506 | 4,096 | 3,437 |
| Anguilla | 576 | 669 | 780 | … | 21,978 | 19,281 | 19,891 |
| Antigua and Barbuda | 528 | 639 | 880 | … | 15,198 | 15,383 | 16,727 |
| Argentina | 1,423 | 1,676 | 1,554 | … | 12,814 | 14,628 | 11,688 |
| ⋮ | ⋮ | ⋮ | ⋮ | ⋮ | ⋮ | ⋮ | ⋮ |
| Yemen Democratic (Former) | 105 | 95 | 104 | … | | | |
| Yugoslavia (Former) | 720 | 776 | 802 | … | | | |
| Zambia | 370 | 364 | 415 | … | 1,311 | 1,535 | 1,572 |
| Zanzibar | | | | … | 848 | 944 | 1,024 |
| Zimbabwe | 442 | 493 | 588 | … | 1,465 | 1,548 | 1,684 |

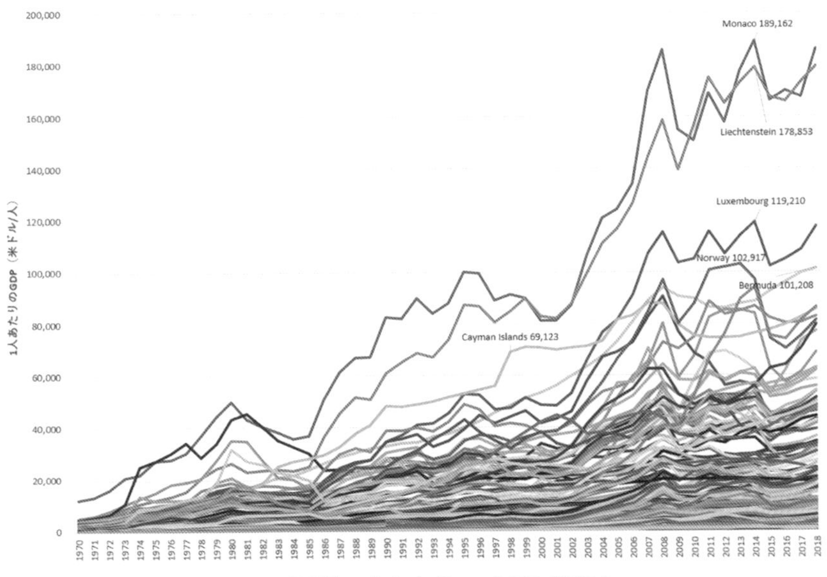


図17　国別1人あたりのGDP推移1

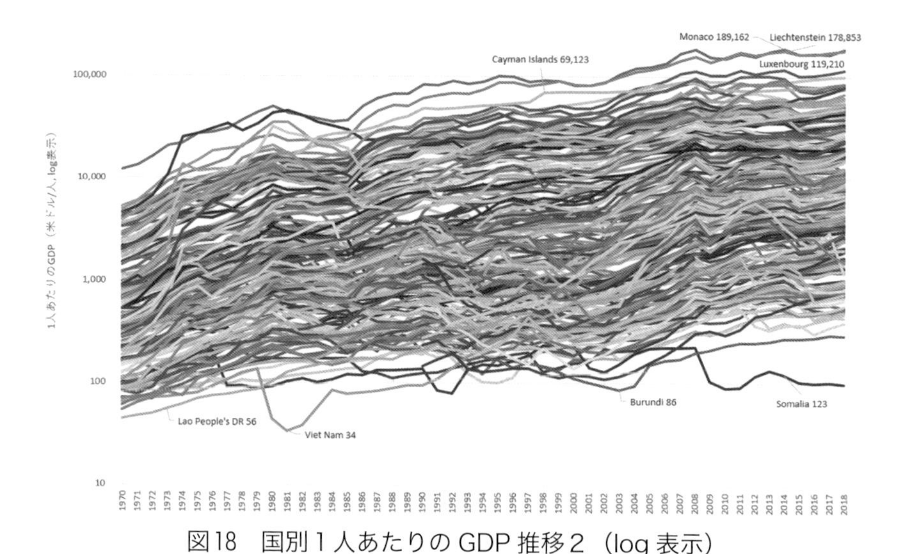


図18　国別１人あたりのGDP推移２（log表示）

表17には米ドルで表した１人あたりのGDPの1970年から2018年の推移（抜粋）を示し、図17と図18はグラフ表示（図18はlog表示）である。1970年から1985年まではモナコとアラブ首長国連邦が１、２位を争っていたが、1986年以降はモナコとリヒテンシュタインに替わった。

図19、図20には2015年の１人あたりのGDPと総人口を示す。１位のリヒテンシュタインは167千ドル/人、２位のモナコは166千ドル/人と他の国を大きく引き離しているが、総人口は37千人と38千人、211カ国中203位と202位と非常に小さく、日本で考えると町に匹敵する規模である。表18には1970年から2018年の年度別にGDP合計と、各国のGDPから算出した補集合GDPを総人口合計と各国の総人口から算出した補集合総人口で割った補集合１人あたりのGDP（米ドル/人）を示し、図21にはグラフ表示した。補集合の１人あたりのGDPは米国が１位で日本とドイツが続いている。一方、中国とインドは最下位を争っている。近年中国はGDP額で世界２位になっているが、補集合の１人

あたりのGDPでは総平均以下で、人口が13億、14億と他国に比して極端に多い中国とインドが下位を継続している［要素数が多い場合の補集合の平均（要素数を考慮した集合の平均）の影響については典型的な数値例で述べた］。次に表19には1970年から2018年の間の内、最初と最後の各10年の上位と下位の各15カ国の（補集合の）人口を考慮した1人あたりのGDP順位を示す。全期間を通じて米国が1位で70年代前半は旧ソ連が2位であるが、その後は2018年まで日本とドイツが2、3位を分けあっている。一方、インドネシアとインド、中国が下位3位を占めている。図22と図23には2015年の総人口を考慮した1人あたりのGDPの国別順位を横軸にして1人あたりのGDPと総人口を縦軸にとった結果を示す。米国、日本、ドイツが左から並ぶが1人あたりのGDPが高いリヒテンシュタインとモナコは57位と58位が横軸に位置し、右側の縦軸で示す総人口は横軸の上位と下位に集中していることが分かる。図24には横軸に全世界の人口に占める各国の人口の割合に対して、縦軸に1人あたりのGDPの散布図を示すが、明確な特徴は見られない。一方図25は縦軸を補集合の1人あたりのGDPに変えた散布図で、大半の国は縦軸の中央部に集まるが、同図の縦軸の値が小さい方が人口を考慮した1人あたりのGDPの高い順位になることになるので米国は絶対的に優位なことを示し、インドは逆の立場になり中国は多くの国が集まる領域の近くにあることが分かる。

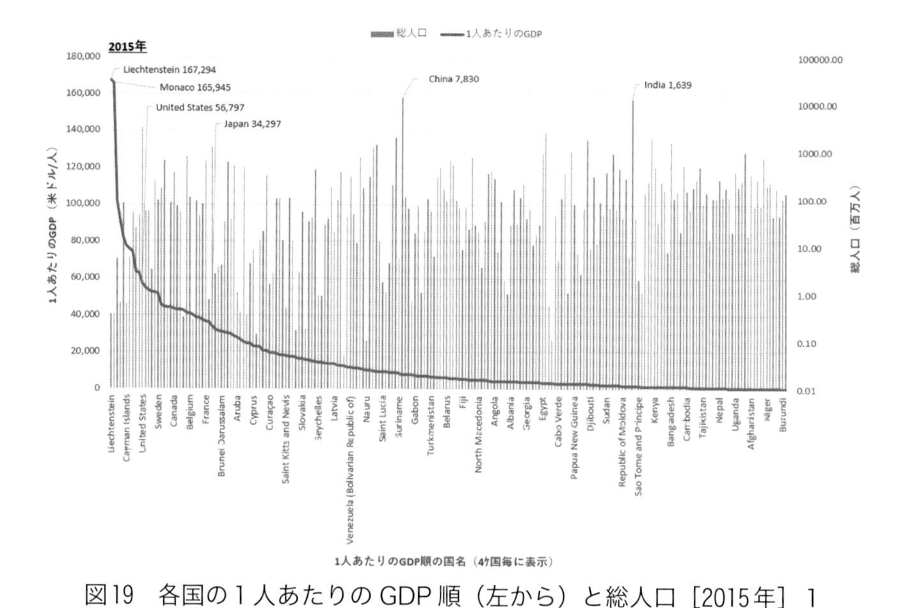


図19　各国の１人あたりのGDP順（左から）と総人口［2015年］１

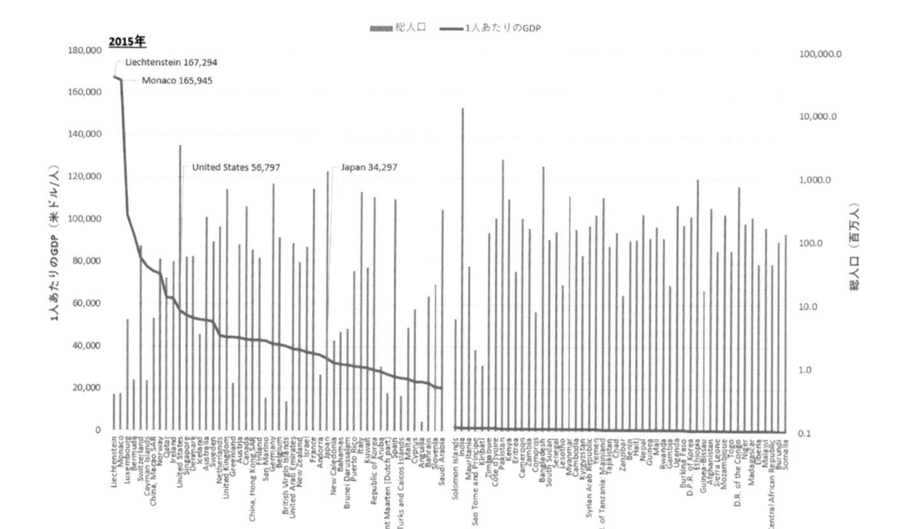


図20　各国の１人あたりのGDP順（左から）と総人口［2015年］２

表18　補集合1人あたりのGDP（米ドル / 人、抜粋）

| Country | 1970 | 1971 | 1972 | … | 2016 | 2017 | 2018 |
|---|---|---|---|---|---|---|---|
| Afghanistan | 854.51 | 922.32 | 1041.31 | … | 10265.63 | 10789.07 | 11319.89 |
| Albania | 852.46 | 920.10 | 1038.73 | … | 10221.89 | 10742.26 | 11269.55 |
| Algeria | 854.36 | 922.22 | 1040.84 | … | 10253.91 | 10776.92 | 11307.19 |
| Andorra | 852.55 | 920.16 | 1038.72 | … | 10219.24 | 10739.58 | 11266.95 |
| Angola | 852.87 | 920.56 | 1039.32 | … | 10245.65 | 10766.31 | 11299.11 |
| Anguilla | 852.57 | 920.18 | 1038.74 | … | 10219.50 | 10739.86 | 11267.24 |
| Antigua and Barbuda | 852.57 | 920.18 | 1038.75 | … | 10219.46 | 10739.82 | 11267.19 |
| Argentina | 849.15 | 915.67 | 1035.68 | … | 10204.25 | 10717.03 | 11264.79 |
| ⋮ | ⋮ | ⋮ | ⋮ | … | ⋮ | ⋮ | ⋮ |
| Yemen Democratic (Former) | 852.84 | 920.48 | 1039.08 | … | | | |
| Yugoslavia (Former) | 853.24 | 920.90 | 1039.91 | … | | | |
| Zambia | 853.07 | 920.77 | 1039.41 | … | 10239.16 | 10760.54 | 11289.43 |
| Zanzibar | | | | … | 10221.40 | 10741.87 | 11269.39 |
| Zimbabwe | 853.11 | 920.75 | 1039.36 | … | 10236.07 | 10757.30 | 11285.49 |

図21　国別補集合1人あたりのGDP推移

## 表19 （補集合の）人口を考慮した１人あたりのGDP順位推移［1970－1979、2009－2018］

| Country | 1970 | 1971 | 1972 | 1973 | 1974 | 1975 | 1976 | 1977 | 1978 | 1979 |
|---|---|---|---|---|---|---|---|---|---|---|
| United States | 1 | 1 | 1 | 1 | 1 | 1 | 1 | 1 | 1 | 1 |
| USSR (Former) | 2 | 2 | 2 | 2 | 4 | 4 | 4 | 5 | 5 | 6 |
| Germany | 3 | 3 | 3 | 3 | 2 | 2 | 3 | 3 | 3 | 3 |
| Japan | 4 | 4 | 4 | 4 | 3 | 3 | 2 | 2 | 2 | 2 |
| France | 5 | 5 | 5 | 5 | 5 | 5 | 5 | 4 | 4 | 4 |
| United Kingdom | 6 | 6 | 6 | 6 | 7 | 6 | 7 | 7 | 6 | 5 |
| Canada | 7 | 7 | 7 | 8 | 6 | 8 | 6 | 6 | 8 | 8 |
| Italy | 8 | 8 | 8 | 7 | 8 | 7 | 8 | 8 | 7 | 7 |
| Australia | 9 | 9 | 9 | 9 | 9 | 9 | 9 | 10 | 10 | 11 |
| Sweden | 10 | 10 | 11 | 11 | 11 | 11 | 11 | 11 | 11 | 12 |
| Netherlands | 11 | 11 | 10 | 10 | 10 | 10 | 10 | 9 | 9 | 9 |
| Switzerland | 12 | 12 | 12 | 12 | 13 | 13 | 13 | 14 | 12 | 13 |
| Belgium | 13 | 13 | 13 | 13 | 14 | 14 | 14 | 13 | 14 | 14 |
| Argentina | 14 | 14 | 18 | 19 | 20 | 23 | 27 | 26 | 32 | 34 |
| Denmark | 15 | 16 | 15 | 15 | 16 | 16 | 16 | 16 | 16 | 16 |
| | | | | | | | | | | |
| Iran (Islamic Republic of) | 173 | 172 | 172 | 164 | 37 | 36 | 25 | 23 | 38 | 41 |
| Republic of Korea | 174 | 175 | 175 | 175 | 175 | 175 | 174 | 173 | 167 | 162 |
| Nigeria | 175 | 174 | 174 | 174 | 155 | 39 | 22 | 21 | 25 | 26 |
| Myanmar | 176 | 176 | 176 | 176 | 176 | 176 | 176 | 178 | 177 | 176 |
| Egypt | 177 | 177 | 177 | 177 | 178 | 177 | 177 | 177 | 176 | 180 |
| Ethiopia (Former) | 178 | 178 | 178 | 178 | 179 | 179 | 180 | 180 | 179 | 178 |
| Philippines | 179 | 179 | 179 | 179 | 177 | 178 | 178 | 179 | 178 | 177 |
| Thailand | 180 | 180 | 180 | 180 | 180 | 180 | 181 | 181 | 180 | 179 |
| Viet Nam | 181 | 181 | 181 | 181 | 182 | 182 | 182 | 182 | 182 | 182 |
| Pakistan | 182 | 182 | 183 | 183 | 183 | 183 | 183 | 183 | 183 | 183 |
| Brazil | 183 | 183 | 182 | 182 | 181 | 181 | 179 | 176 | 181 | 181 |
| Bangladesh | 184 | 184 | 184 | 184 | 184 | 184 | 184 | 184 | 184 | 184 |
| Indonesia | 185 | 185 | 185 | 185 | 185 | 185 | 185 | 185 | 185 | 185 |
| India | 186 | 186 | 186 | 186 | 186 | 186 | 186 | 186 | 186 | 186 |
| China | 187 | 187 | 187 | 187 | 187 | 187 | 187 | 187 | 187 | 187 |

注：国名は1970年の順位により表示

| Country | 2009 | 2010 | 2011 | 2012 | 2013 | 2014 | 2015 | 2016 | 2017 | 2018 |
|---|---|---|---|---|---|---|---|---|---|---|
| United States | 1 | 1 | 1 | 1 | 1 | 1 | 1 | 1 | 1 | 1 |
| Japan | 2 | 2 | 2 | 2 | 2 | 2 | 2 | 2 | 2 | 2 |
| Germany | 3 | 3 | 3 | 3 | 3 | 3 | 3 | 3 | 3 | 3 |
| United Kingdom | 5 | 5 | 5 | 4 | 5 | 4 | 4 | 4 | 4 | 4 |
| France | 4 | 4 | 4 | 5 | 4 | 5 | 5 | 5 | 5 | 5 |
| Italy | 6 | 6 | 6 | 7 | 6 | 6 | 6 | 6 | 6 | 6 |
| Canada | 8 | 7 | 7 | 6 | 7 | 7 | 7 | 7 | 7 | 7 |
| Australia | 9 | 8 | 8 | 8 | 8 | 8 | 8 | 8 | 8 | 8 |
| Republic of Korea | 11 | 11 | 10 | 10 | 10 | 9 | 9 | 9 | 9 | 9 |
| Spain | 7 | 9 | 9 | 9 | 9 | 10 | 10 | 10 | 10 | 10 |
| Switzerland | 12 | 12 | 12 | 13 | 13 | 12 | 11 | 12 | 12 | 12 |
| Netherlands | 10 | 10 | 11 | 12 | 12 | 11 | 12 | 11 | 11 | 11 |
| Sweden | 14 | 13 | 15 | 15 | 14 | 14 | 13 | 13 | 13 | 13 |
| Belgium | 13 | 15 | 17 | 17 | 17 | 17 | 14 | 14 | 14 | 14 |
| Norway | 15 | 14 | 16 | 14 | 15 | 15 | 15 | 15 | 15 | 16 |
| | | | | | | | | | | |
| Iran (Islamic Republic of) | 193 | 188 | 183 | 185 | 193 | 198 | 198 | 198 | 197 | 196 |
| Kenya | 199 | 199 | 200 | 200 | 199 | 199 | 199 | 199 | 199 | 198 |
| U.R. of Tanzania: Mainland | 200 | 200 | 201 | 201 | 200 | 200 | 200 | 200 | 201 | 201 |
| Myanmar | 201 | 201 | 202 | 202 | 201 | 201 | 201 | 201 | 200 | 200 |
| Egypt | 202 | 202 | 203 | 203 | 202 | 202 | 202 | 202 | 205 | 203 |
| D.R. of the Congo | 203 | 203 | 204 | 204 | 203 | 203 | 203 | 205 | 204 | 205 |
| Philippines | 204 | 204 | 205 | 205 | 204 | 204 | 204 | 204 | 203 | 204 |
| Viet Nam | 205 | 205 | 206 | 206 | 205 | 205 | 205 | 203 | 202 | 202 |
| Ethiopia | 206 | 206 | 207 | 207 | 206 | 206 | 206 | 206 | 206 | 206 |
| Nigeria | 207 | 207 | 208 | 208 | 207 | 207 | 207 | 208 | 208 | 208 |
| Bangladesh | 208 | 208 | 209 | 209 | 208 | 208 | 208 | 207 | 207 | 207 |
| Pakistan | 209 | 209 | 211 | 211 | 210 | 209 | 209 | 210 | 210 | 210 |
| Indonesia | 210 | 210 | 210 | 210 | 209 | 210 | 210 | 209 | 209 | 209 |
| China | 211 | 211 | 212 | 212 | 211 | 211 | 211 | 211 | 211 | 211 |
| India | 212 | 212 | 213 | 213 | 212 | 212 | 212 | 212 | 212 | 212 |

注：国名は2015年の順位により表示

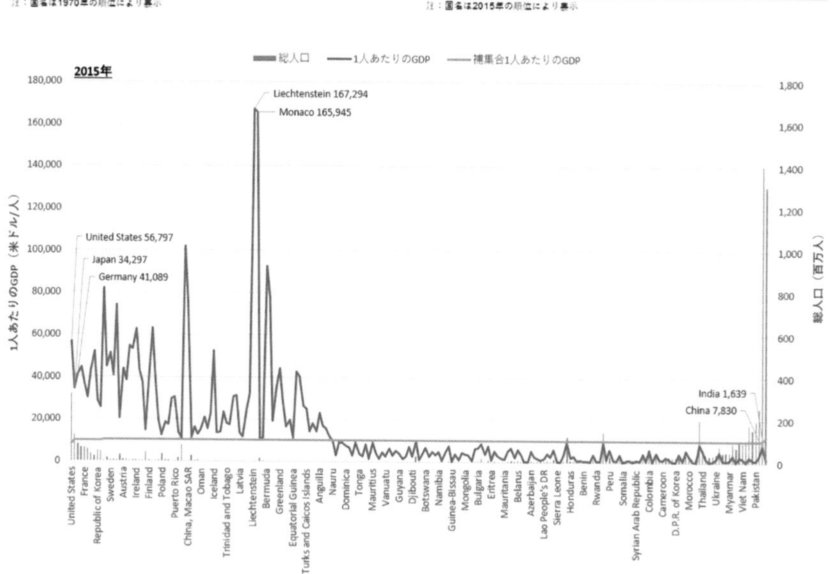


図22 総人口を考慮した１人あたりのGDPの国別順位（左から）と総人口１

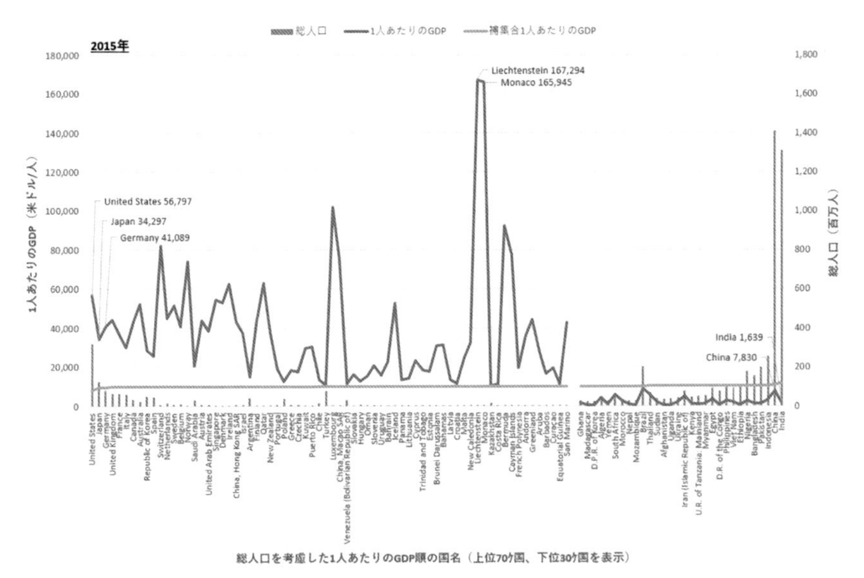


図23　総人口を考慮した１人あたりのGDPの国別順位（左から）と総人口２

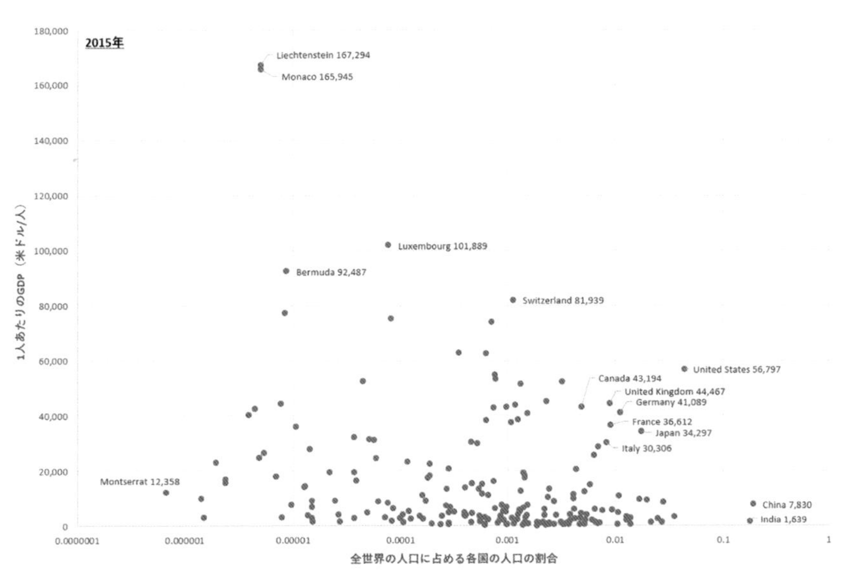


図24　全世界の人口に占める各国の人口の割合と１人あたりのGDPの関係

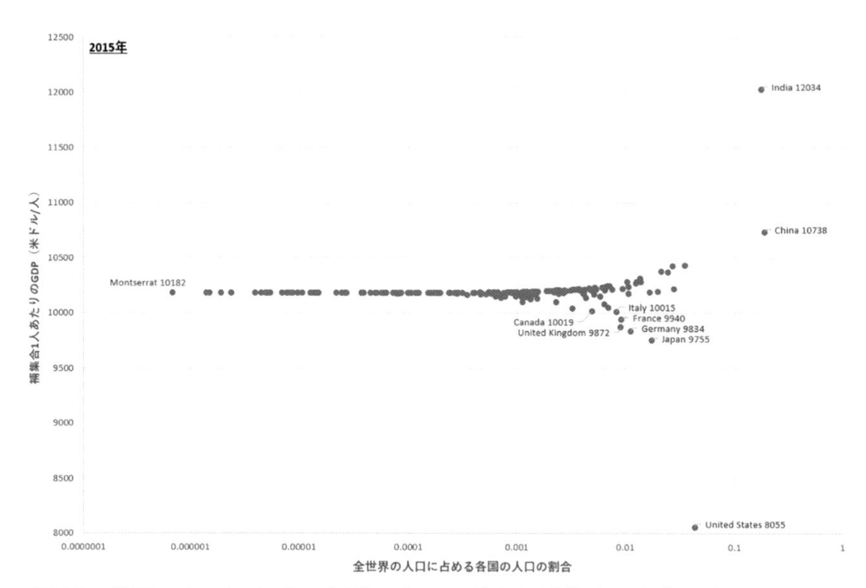


図25　世界の人口に占める各国の人口の割合と補集合１人あたりのGDPの関係

表19の人口を考慮した１人あたりのGDP順位推移を見ると、1970年から1973年では社会体制の異なる旧ソ連を除いて米国、ドイツ（この段階では西ドイツになるが)、日本、フランス、英国の５カ国が最上位国となる。ここで、表20の先進国首脳会議の変遷を見ると、まずG5にこれらの国々が並び、1976年にはイタリアとカナダが入ってG7が編成されサミットが開催された。表19では旧ソ連を除くと全ての国が７位内に入っている。

表21は1970年、1998年、2015年の主要国［G7、ロシア（旧ソ連)、中国、インド］のGDPと人口、１人あたりのGDPの世界の順位についてまとめてみた。社会体制の異なるロシア（旧ソ連）と中国を除いて、1970年にはGDPと人口を考慮した１人あたりのGDPについてはG7の国々が７位以内に入ったが、1998年と2015年にはGDPに対してカナダがブラジルに抜かれた。一方、人口を考慮した１人あたりのGDPのみ

表20　先進国首脳会議の変遷

| Group of --- | 期間 | 参加国 | 会議など |
|---|---|---|---|
| G5 | ～1974 | France, United States, United Kingdom<br>West Germany, Japan | |
| G6 | 1975 | France, United States, United Kingdom<br>West Germany, Japan, Italy | 第一回サミット開催 |
| G7 | 1976～ | France, United States, United Kingdom<br>(West) Germany, Japan, Italy, Canada | 第二回サミット開催(1976) ,--- |
| G8 | 1998～2014 | France, United States, United Kingdom, Germany<br>Japan, Italy, Canada, Russia Federation | |
| G7 | 2015～ | France, United States, United Kingdom, Germany<br>Japan, Italy, Canada | |

表21　主要国のGDP、人口、１人あたりのGDPの順位推移

| 年 | 1970 | | | | 1998 | | | | 2015 | | | |
|---|---|---|---|---|---|---|---|---|---|---|---|---|
| 国名 | GDP | 人口 | 1人あたりのGDP | 人口を考慮した1人あたりのGDP | GDP | 人口 | 1人あたりのGDP | 人口を考慮した1人あたりのGDP | GDP | 人口 | 1人あたりのGDP | 人口を考慮した1人あたりのGDP |
| United States | 1位 | 4位 | 3位 | 1位 | 1位 | 3位 | 11位 | 1位 | 1位 | 3位 | 11位 | 1位 |
| Germany | 3 | 8 | 24 | 3 | 3 | 12 | 17 | 3 | 4 | 16 | 25 | 3 |
| Japan | 4 | 6 | 34 | 4 | 2 | 8 | 12 | 2 | 3 | 10 | 33 | 2 |
| France | 5 | 14 | 22 | 5 | 5 | 20 | 23 | 5 | 6 | 21 | 31 | 5 |
| United Kingdom | 6 | 12 | 10 | 6 | 4 | 21 | 15 | 4 | 5 | 22 | 18 | 4 |
| Italy | 7 | 13 | 32 | 8 | 6 | 22 | 28 | 6 | 8 | 23 | 38 | 6 |
| Canada | 9 | 31 | 10 | 7 | 9 | 34 | 30 | 7 | 10 | 37 | 21 | 7 |
| Russia Federation[USSR] | 2 | 3 | 38 | 2 | 19 | 6 | 112 | 204 | 12 | 9 | 84 | 163 |
| China | 8 | 1 | 164 | 187 | 7 | 1 | 150 | 210 | 2 | 1 | 92 | 211 |
| India | 10 | 2 | 163 | 186 | 13 | 2 | 177 | 209 | 7 | 2 | 164 | 212 |
| 対象国数 | 187 | 総平均 | 57位 | | 対象国数 | 210 | 68位 | ⇐ 総平均 | 対象国数 | 212 | 81位 | ⇐ 総平均 |

では、G7の国々が7位以内に入った。

表22には1人あたりのGDP上位国について表21と同じ項目の順位をまとめたものである。米国を除いて、人口は世界の130位以下の小国で、GDPも50位以下の規模である。

表23には2015年の1人あたりのGDPが上位35カ国に対してGDP、人口等について順位だけでなくそれぞれの対応する値を示した。因みに日本は33位で、34位はニューカレドニアであった。また、表22の主要国以外で人口1000万人以上の国はオーストラリアが15位、オランダが17位、ベルギーが26位で日本より上位に位置している。

## 表22　1人あたりのGDP上位国のGDP、人口などの順位推移

| 年 | 1970 | | | | 1998 | | | | 2015 | | | |
|---|---|---|---|---|---|---|---|---|---|---|---|---|
| 国名* | GDP | 人口 | 1人あたりのGDP | 人口を考慮した1人あたりのGDP | GDP | 人口 | 1人あたりのGDP | 人口を考慮した1人あたりのGDP | GDP | 人口 | 1人あたりのGDP | 人口を考慮した1人あたりのGDP |
| Monaco | 128位 | 175位 | 1位 | 43位 | 141位 | 201位 | 1位 | 46位 | 156位 | 202位 | 2位 | 58位 |
| Liechtenstein | 151 | 177 | 2 | 54 | 145 | 200 | 2 | 48 | 155 | 203 | 1 | 57 |
| United States | 1 | 4 | 3 | 1 | 1 | 3 | 11 | 1 | 1 | 3 | 11 | 1 |
| Bermuda | 133 | 169 | 4 | 45 | 137 | 194 | 4 | 45 | 157 | 196 | 4 | 61 |
| Qatar | 109 | 157 | 5 | 38 | 91 | 164 | 34 | 36 | 56 | 141 | 9 | 26 |
| Cayman Islands | 168 | 183 | 18 | 60 | 148 | 199 | 3 | 50 | 160 | 197 | 6 | 62 |
| Luxembourg | 84 | 137 | 9 | 32 | 69 | 167 | 5 | 31 | 75 | 169 | 3 | 36 |
| 対象国数 | 187 | 総平均 | 57位 | | 対象国数 | 210 | 68位 | ⇐ 総平均 | 対象国数 | 212 | 81位 | ⇐ 総平均 |

* 1970年の1人あたりのGDP上位の主な国々

## 表23　1人あたりのGDPが上位35カ国のGDP、人口等に関して（2015年）

| 国名 | GDP順位 | GDP（十億ドル） | 人口順位 | 人口（百万人） | 1人あたりのGDP順位 | 1人あたりのGDP | 人口を考慮した1人あたりのGDP順位 | 1人あたりのGDP（人口[千人]) |
|---|---|---|---|---|---|---|---|---|
| Liechtenstein | 155 | 6.27 | 203 | 0.037 | 1 | 167,294 | 57 | 167,294(37) |
| Monaco | 156 | 6.26 | 202 | 0.038 | 2 | 165,945 | 58 | 165,945(38) |
| Luxembourg | 75 | 57.74 | 169 | 0.567 | 3 | 101,889 | 36 | 101,889(567) |
| Bermuda | 157 | 5.89 | 196 | 0.064 | 4 | 92,487 | 61 | 92,487(64) |
| Switzerland | 19 | 679.83 | 97 | 8.297 | 5 | 81,939 | 11 | 81,939(8,297) |
| Cayman Islands | 160 | 4.78 | 197 | 0.062 | 6 | 77,518 | 62 | 77,518(62) |
| China, Macao SAR | 86 | 45.36 | 168 | 0.602 | 7 | 75,341 | 37 | 75,341(602) |
| Norway | 28 | 385.80 | 117 | 5.200 | 8 | 74,195 | 15 | 74,195(5,200) |
| Qatar | 56 | 161.74 | 141 | 2.566 | 9 | 63,039 | 26 | 63,039(2,566) |
| Ireland | 41 | 291.50 | 120 | 4.652 | 10 | 62,655 | 21 | 62,655(4,652) |
| United States | 1 | 18224.78 | 3 | 320.878 | 11 | 56,797 | 1 | 56,797(320,878) |
| Singapore | 35 | 306.25 | 113 | 5.592 | 12 | 54,765 | 19 | 54,765(5,592) |
| Denmark | 36 | 302.67 | 112 | 5.689 | 13 | 53,206 | 20 | 53,206(5,689) |
| Iceland | 116 | 17.39 | 177 | 0.330 | 14 | 52,655 | 45 | 52,655(330) |
| Australia | 13 | 1248.85 | 53 | 23.933 | 15 | 52,182 | 8 | 52,182(23,933) |
| Sweden | 22 | 503.65 | 89 | 9.765 | 16 | 51,577 | 13 | 51,577(9,765) |
| Netherlands | 18 | 765.26 | 64 | 16.938 | 17 | 45,179 | 12 | 45,179(16,938) |
| United Kingdom | 5 | 2928.59 | 22 | 65.860 | 18 | 44,467 | 4 | 44,467(65,860) |
| Greenland | 175 | 2.50 | 199 | 0.056 | 19 | 44,329 | 65 | 44,329(56) |
| Austria | 29 | 381.82 | 95 | 8.679 | 20 | 43,995 | 17 | 43,995(8,679) |
| Canada | 10 | 1556.13 | 37 | 36.027 | 21 | 43,194 | 7 | 43,194(36,027) |
| China, Hong Kong SAR | 34 | 309.39 | 102 | 7.186 | 22 | 43,054 | 22 | 43,054(7,186) |
| Finland | 44 | 234.59 | 115 | 5.481 | 23 | 42,799 | 25 | 42,799(5,481) |
| San Marino | 185 | 1.42 | 205 | 0.033 | 24 | 42,643 | 70 | 42,643(33) |
| Germany | 4 | 3360.55 | 16 | 81.787 | 25 | 41,089 | 3 | 41,089(81,787) |
| Belgium | 25 | 462.15 | 77 | 11.288 | 26 | 40,942 | 14 | 40,942(11,288) |
| British Virgin Islands | 190 | 1.17 | 206 | 0.029 | 27 | 40,283 | 71 | 40,283(29) |
| United Arab Emirates | 30 | 358.13 | 93 | 9.263 | 28 | 38,663 | 18 | 38,663(9,263) |
| New Zealand | 53 | 177.47 | 121 | 4.615 | 29 | 38,458 | 27 | 38,458(4,615) |
| Israel | 38 | 299.81 | 99 | 7.978 | 30 | 37,578 | 23 | 37,578(7,978) |
| France | 6 | 2438.21 | 21 | 66.596 | 31 | 36,612 | 5 | 36,612(66,596) |
| Andorra | 173 | 2.81 | 194 | 0.078 | 32 | 36,041 | 64 | 36,041(78) |
| Japan | 3 | 4389.48 | 10 | 127.985 | 33 | 34,297 | 2 | 34,297(127,985) |
| New Caledonia | 145 | 8.77 | 181 | 0.271 | 34 | 32,363 | 56 | 32,363(271) |
| Bahamas | 132 | 11.75 | 175 | 0.374 | 35 | 31,406 | 52 | 31,406(374) |

## 2. 県内総生産・人口と医療関係の県別比較

次の実例として総理府統計局が発行する『日本の統計』の出典元にアクセスしてデータを入手し、国別のGDPに対する日本の県別の総生産を手始めに人、物の動きから医療関係の比較についてまとめてみる。

図26には1996年から2015年の県内総生産の推移を示す。全期間を通じて東京都がダントツの1位で、以下大阪府、愛知県、神奈川県が続く。図27は県内総生産の47都道府県に対する割合を示すが、東京都が20%前後、大阪府が8%弱、愛知県が7%前後、神奈川県が6.5%前後である。上位4都府県で全体の4割を占めることが分かる。2015年の県別の県内総生産と総人口を図28に示すが、これらの集中する四地域として京浜工業地帯と中京工業地帯、関西工業地帯、北九州工業地帯が挙げられる。図29には横軸に県内総生産額順の県名をとり、縦軸に県内総生産と人口の割合を示す。1位の東京都が人口の割合が約11%に対して総生産の割合が19%と特出しているが、他の県は人口と総生産の割合がほぼ一致している。

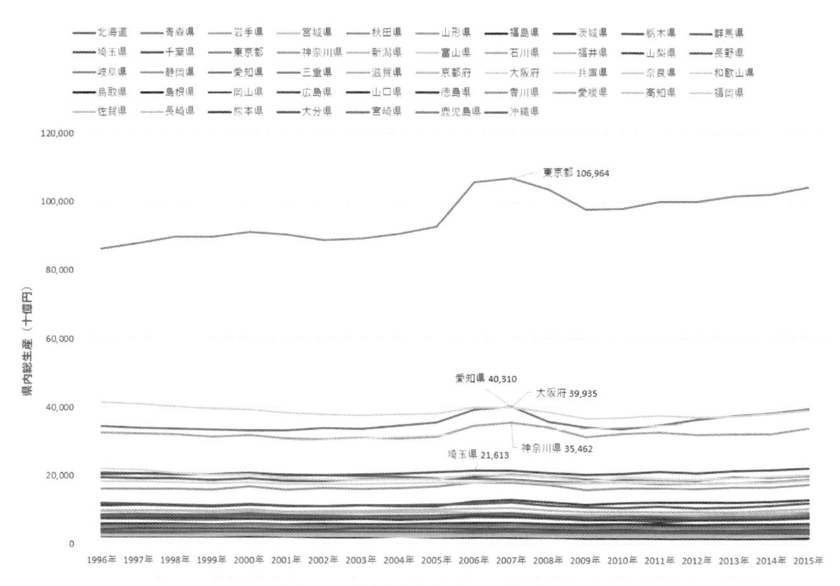


図26　県内総生産の推移

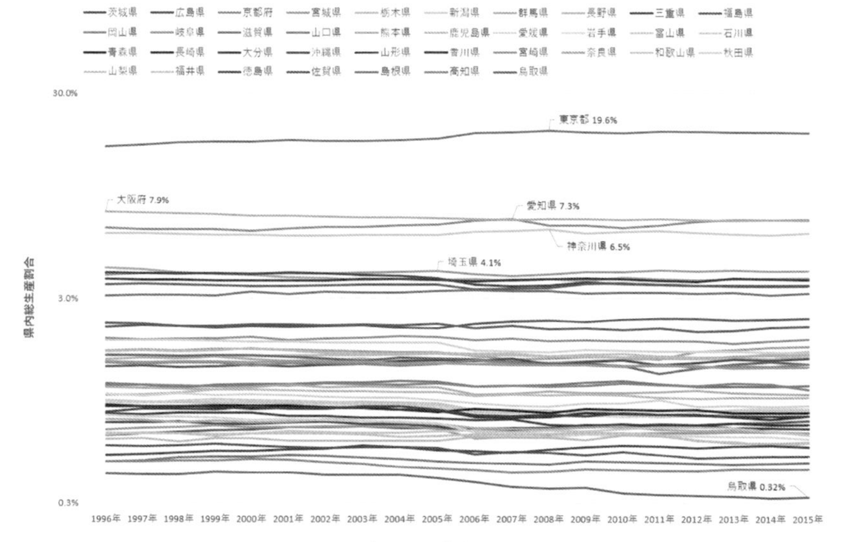


図27　県内総生産割合の推移

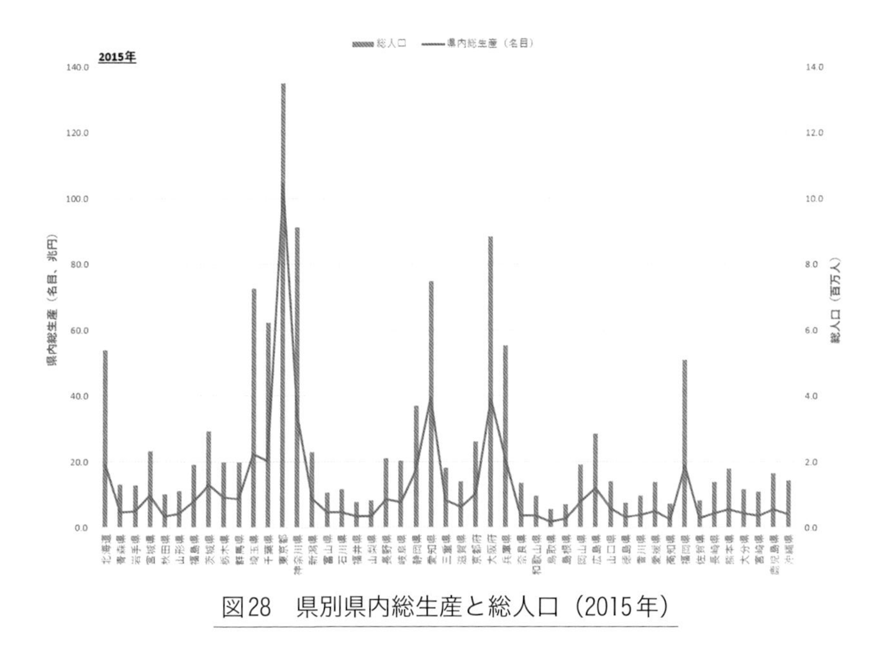


図28　県別県内総生産と総人口（2015年）

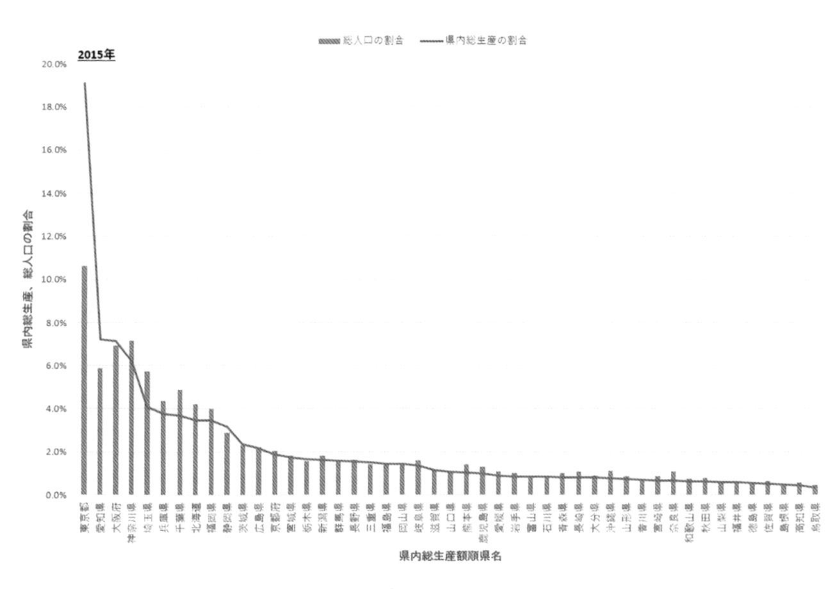


図29　県内総生産額順と県内総生産、総人口の割合（2015年）

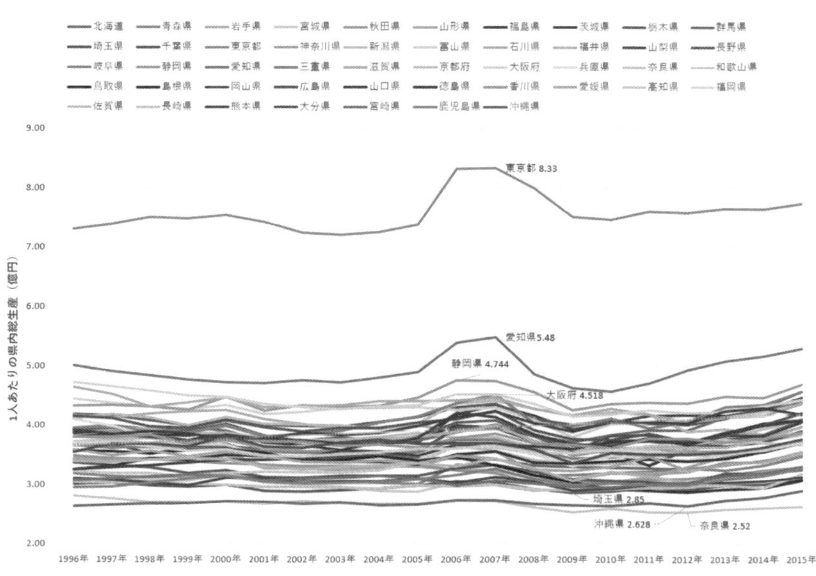


図30　１人あたりの県内総生産推移

図30には1996年から2015年の間の１人あたりの県内総生産の推移を示す。東京都は2007年に8.33億円 / 人と１位で、またこの期間中でも最高額となっている。次に２位は愛知県で5.48億円 / 人である。また、図31に2015年の１人あたりの県内総生産と人口について、横軸に１人あたりの県内総生産額順に並べて示す。１位は先の図と同じで東京都であるが、隣接の神奈川県は47都道府県中25位、千葉県は41位、埼玉県は44位となっている。このからくりについて調査していく。図32は日本の総人口に対する県人口の比率に対して１人あたりの県内総生産の散布図を示す。東京都は人口比率も唯一0.1以上で１人あたりの県内総生産も他を大きく引き離している。一方、神奈川県、千葉県、埼玉県は図の右下に集まっていて、人口比率が高いにもかかわらず１人あたりの県内総生産は下位となっている。

図33は補集合県内総生産を補集合総人口で割って算出される補集合１人あたりの県内総生産と、日本総平均の1996年から2015年の間の推

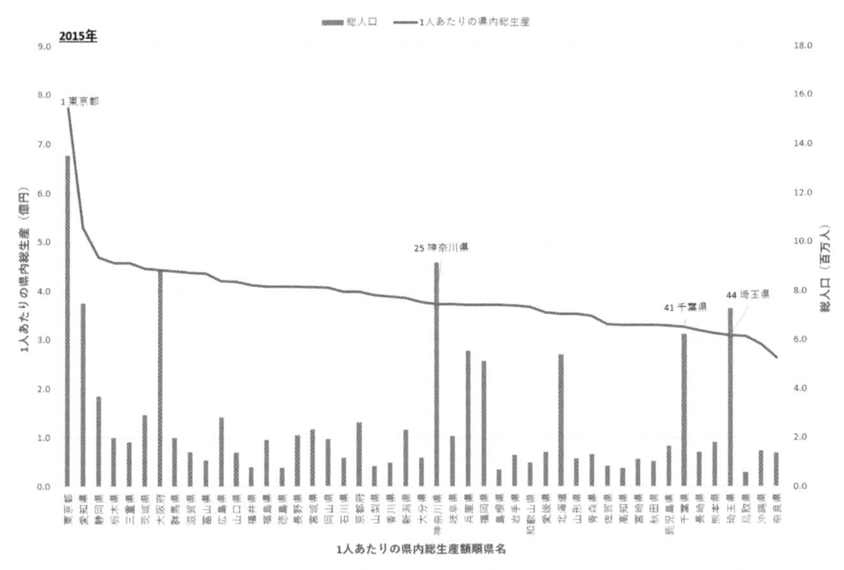


図31　１人あたりの県内総生産額順にみる総生産と総人口の関係（2015年）

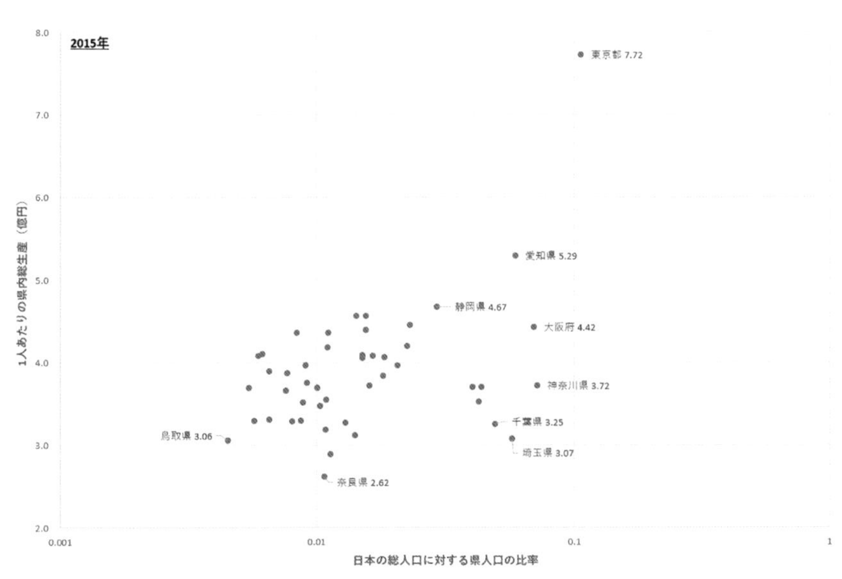


図32　日本の総人口に対する県人口の比率と１人あたりの県内総生産の関係

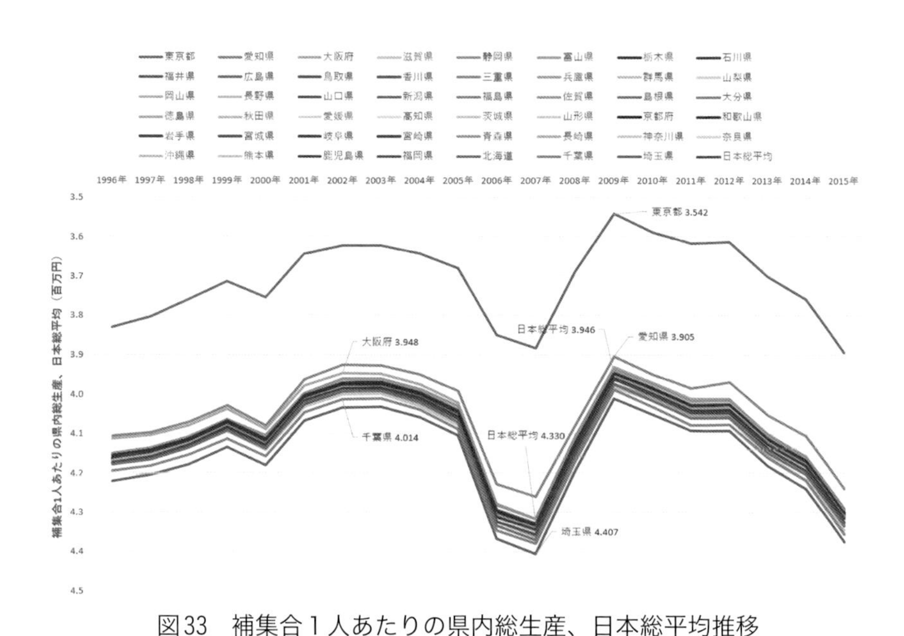


図33　補集合１人あたりの県内総生産、日本総平均推移

移を示すが、日本総平均と同じように補集合１人あたりの県内総生産も変わっている。また、補集合の値は大小が逆転することを考えて東京都が突出している。2007年から2008年は金融恐慌、リーマンショックの影響を大いに受けていると思われる［2006年については日本の年度は３月までが前年に繰り入れられるためと考えられる］。

図34には2015年の、横軸に住民数を考慮した１人あたりの県内総生産額順をとり、縦軸に１人あたりの県内総生産と総人口を示す。東京都が１位で頭抜けており、総平均よりも上位で人口の多い愛知県や大阪府が２位と４位、総平均以下で人口が多く東京都に隣接している神奈川県、千葉県、埼玉県が下位を占めており地域的な影響があることが類推される。図35は日本の総人口に対する県人口の比率を横軸に、補集合１人あたりの県内総生産を縦軸にとった散布図で、補集合の総生産は大小が逆転するので東京都が他の県と大きく異なることを示している。

図36、図37には2001年から2015年の県民所得推移を示し、図37は

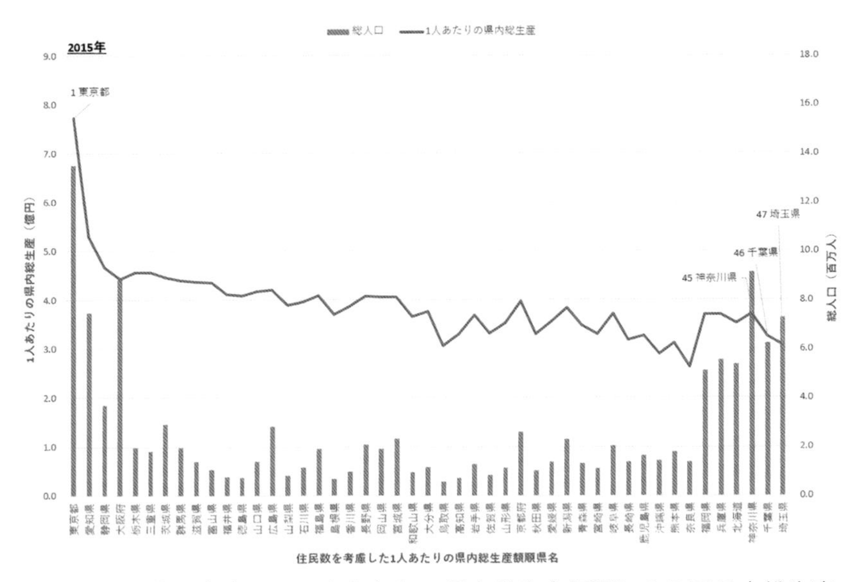


図34　住民数を考慮した１人あたりの県内総生産額順にみる同県内総生産と総人口の関係

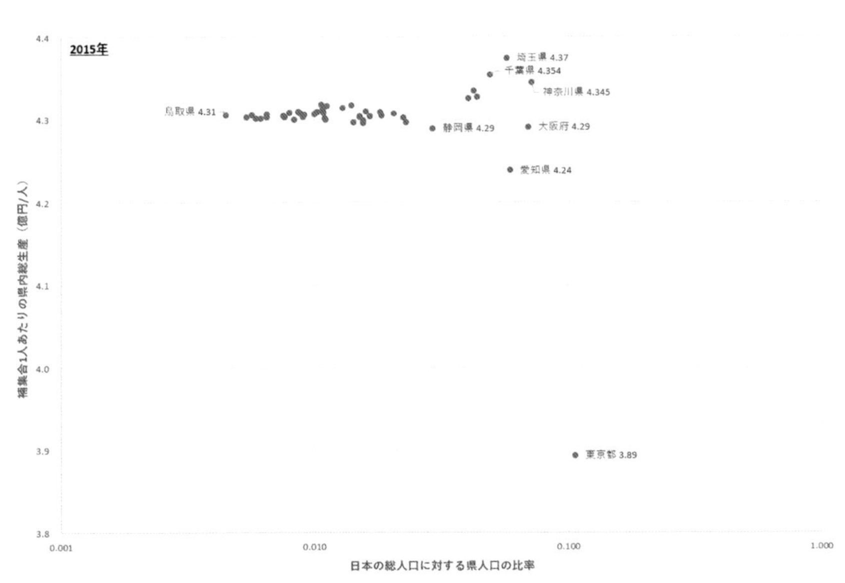


図35　日本の総人口に対する県人口の比率と補集合１人あたりの県内総生産の関係

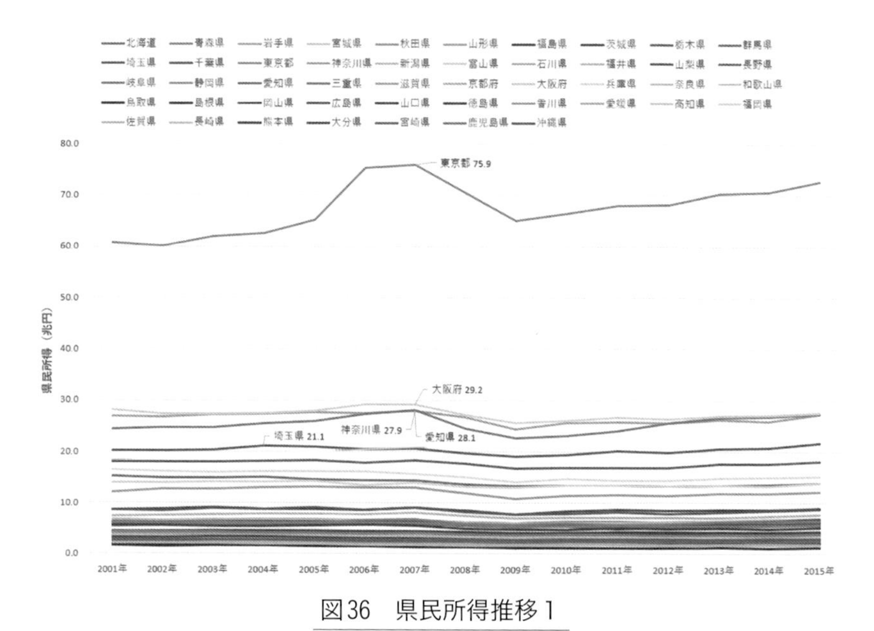


図36　県民所得推移１

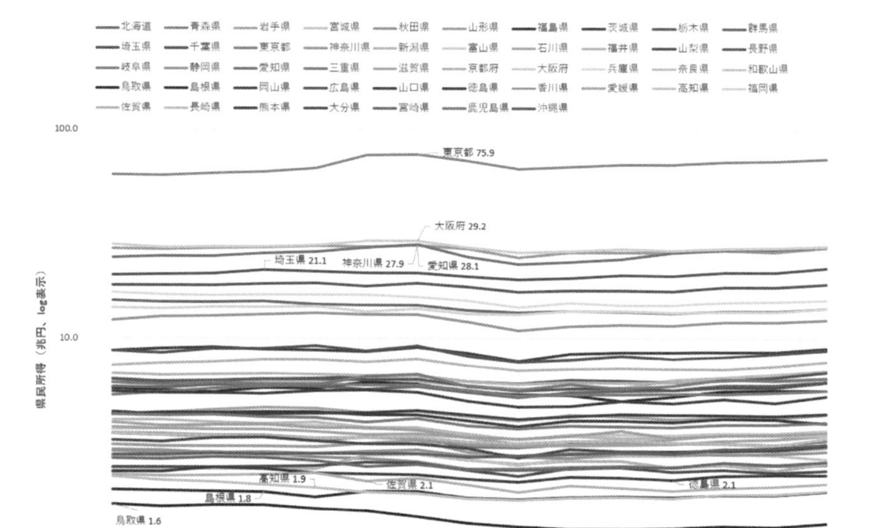


図37　県民所得推移２（log 表示）

log 表示して下位を明示した。東京都が他県を2.5倍以上引き離して全期間１位で、大阪府、愛知県が続き、神奈川県と埼玉県が４位、５位と健闘している。一方、下位は鳥取県、島根県、高知県、佐賀県で東京都の30分の１以下となっている。図38、図39は５年毎の国勢調査による1950年から2015年の総人口推移で、図39ではlog 表示で示す。東京都と大阪府が1950年から1965年にかけて急増し、その後1970年1990年にかけて神奈川県、埼玉県、千葉県が急増し、東京都は2000年以降再び急増が見られる。一方、鳥取県、島根県が下位を継続中である。図40には１人あたりの県民所得の推移を示すが、東京都が他の県を引き離して1.5倍以上となっており、２位は愛知県で、最下位は沖縄県となっている。

図41は2015年の日本の総人口に対する県民人口の割合と１人あたりの県民所得の散布図である。人口の割合が最も大きくかつ１人あたりの県民所得が１位で他を約1.5倍リードしている東京都が強固で、２位の

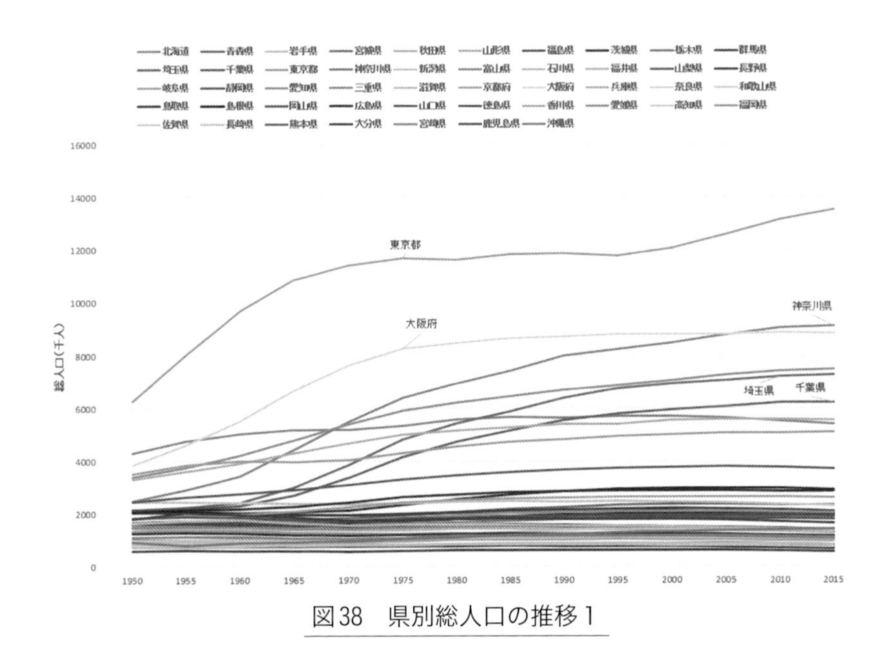


図38　県別総人口の推移１

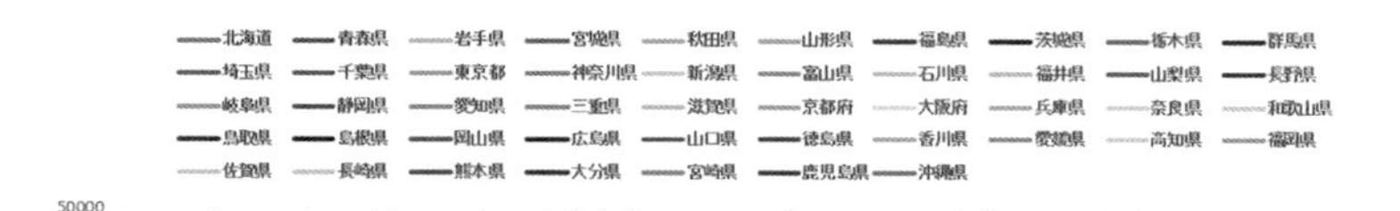


図39　県別総人口の推移２（log 表示）

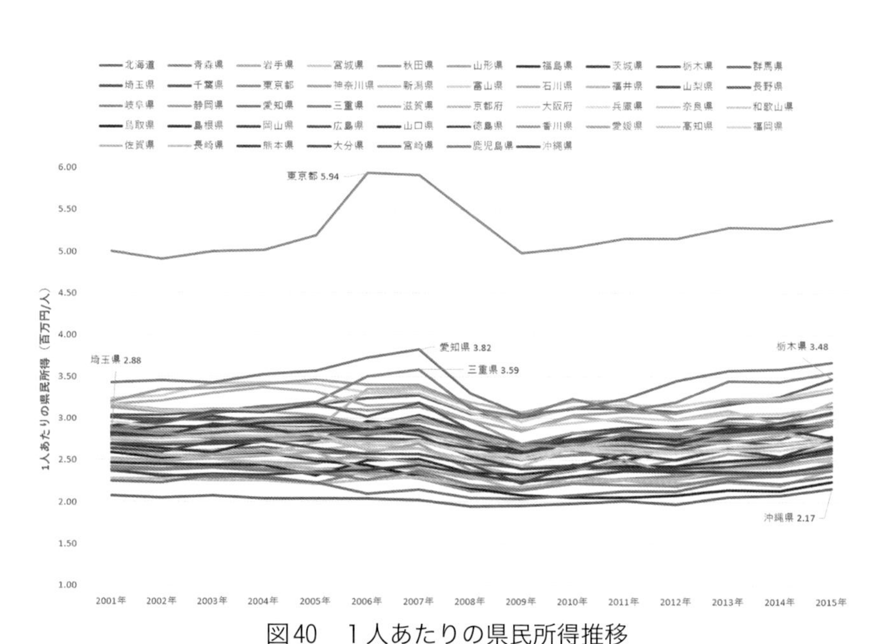


図40　１人あたりの県民所得推移

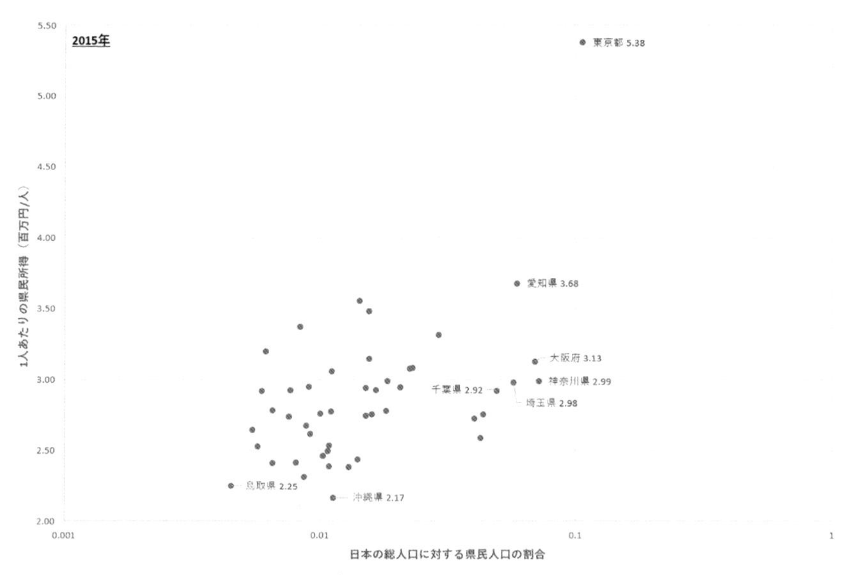


図41　県民人口の割合と１人あたりの県民所得の関係

愛知県は大阪府や神奈川県、埼玉県、千葉県と近いグループを作っている。図42は県民総人口も反映される補集合１人あたりの県民所得の2001年から2015年の間の推移である。2008、2009年はリーマンショックの影響で全部の都道府県で下がっているが、補集合で大小が逆転することを考えて東京都が抜きんでていることには変わりがない。図43は2015年の県民人口の割合と補集合１人あたりの県民所得の関係を示したものである。東京都が別格であるが、マクロ的には愛知県、大阪府、神奈川県、埼玉県、千葉県、福岡県、兵庫県、北海道のグループとその他38府県（県民人口割合が比較的小さい）の３つに分けられるように見える。図44、図45には他県への通勤・通学者の推移（1980年から2010年）を示し、図45はlog表示にしたものである。同図で埼玉県、神奈川県、千葉県の３県が群を抜いている。逆に沖縄県と北海道は地理的な面から少ない。従って図46の他県で従業している就業者数も埼玉県、神奈川県、千葉県の３県が特に多い。これらの要因について調査してみると、図47の県別の住宅地の標準価格の推移（1976年から2018

年）では1976年時点でも東京都は他県の２倍以上であるが、その後バブル期にかけて平均価格でも10倍くらいになっている。図48には東京都と大阪府、愛知県と近隣接県との住宅地の価格の比率推移を示す。まず図47の東京都のグラフを見ると、東京都が先行して価格が上昇し、続いて神奈川県、次に埼玉県と千葉県も上昇したが比率は40、50%を推移し、1990年以降に神奈川県の価格が再度上昇した。

しかし、図48で北関東の群馬県、栃木県、茨城県の３県は若干の価格上昇はあったが、東京都の比較では20%内外に止まった。大阪府では京都府と兵庫県で追随したが、滋賀県、奈良県、和歌山県の３県では若干の価格上昇であった。愛知県のグラフでは、静岡県は東側の東京都、また神奈川県の価格上昇に引っ張られたように見えるが、岐阜県、三重県、長野県は若干の価格上昇となった。

図49は東京都と他の道府県との間の転入・転出超過数（1954年から2020年、積み上げ折れ線グラフ）推移を示す。東京都の累計転入数は1957年の24万超を最高に1954年から1966年まで続いたが、1967年には累計値が転出と変わった、県別の内訳は東京都から神奈川県が1954年の当初から転出となっており、埼玉県が1959年から、千葉県が1960年から転出に変わった。1973年には累計転出数が17万超となった。その後1997年には再度累計転入数が増えている。これはタワーマンションが増加して、都内の収容人数が増えているためと思われる。次に図50は一都三県（東京都と神奈川県、埼玉県、千葉県）と他の道府県との間の転入・転出超過数推移を示す。1962年には累計約39万人で、1954年から1973年の20年間には累計582万人が１都３県に転入した。

日本の転入先を三大都市圏に分けて評価してみる。すなわち東京圏としては東京都、神奈川県、埼玉県、千葉県の４都県、次に大阪圏としては大阪府、京都府、兵庫県、奈良県の４府県、また名古屋圏としては愛知県、岐阜県、三重県の３県を指す。

図51には1962年の三大都市圏別の転入者合計数を示す。まず東京圏は半数の約74万人、大阪圏は３分の１の約45万人、名古屋圏は約20万

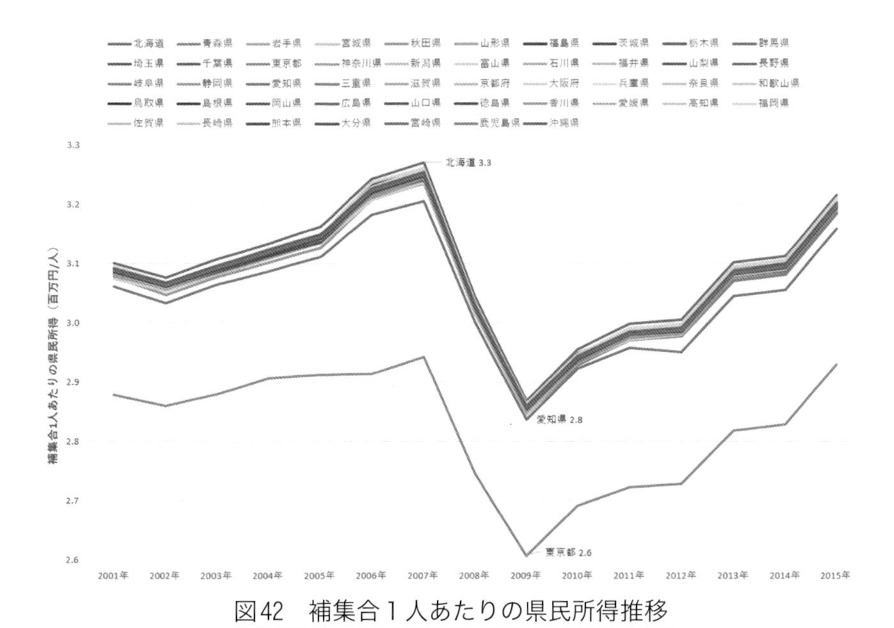


図42　補集合１人あたりの県民所得推移

図43　県民人口の割合と補集合１人あたりの県民所得の関係

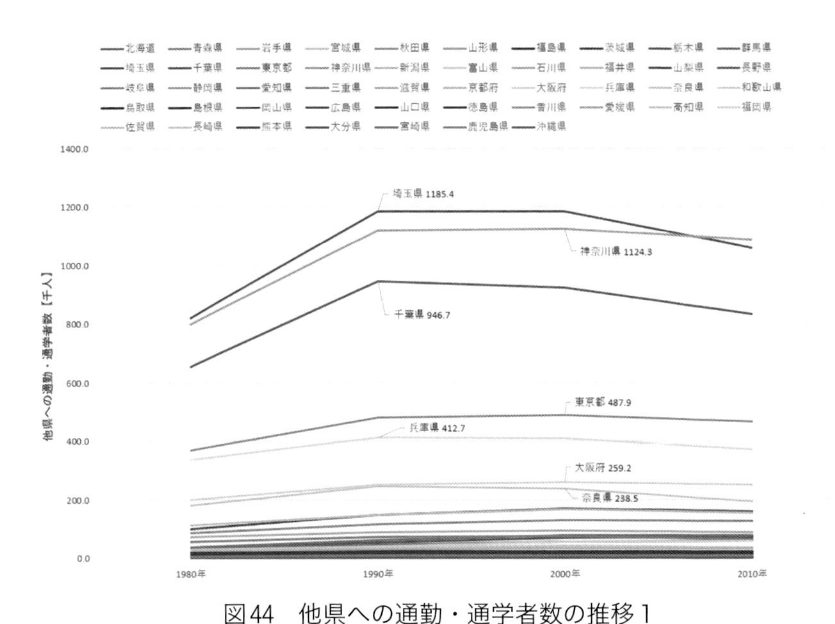


図44　他県への通勤・通学者数の推移１

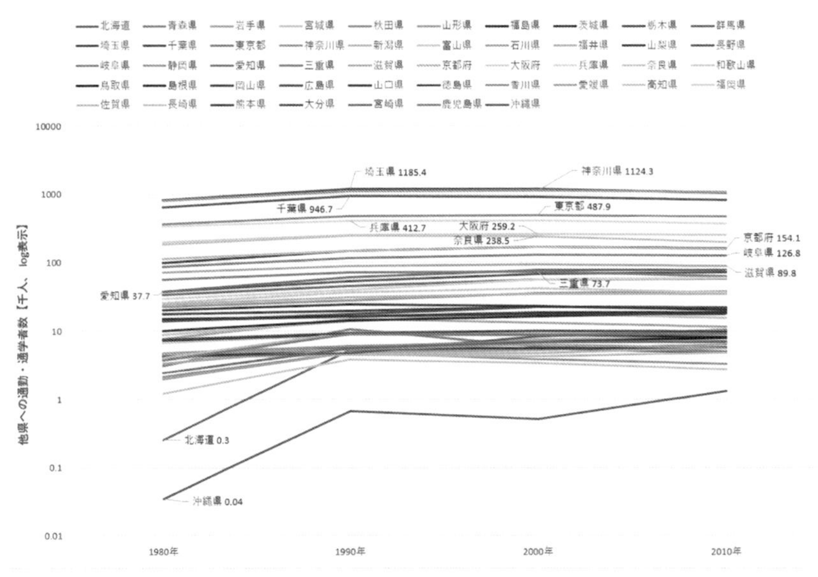


図45　他県への通勤・通学者数の推移２（log 表示）

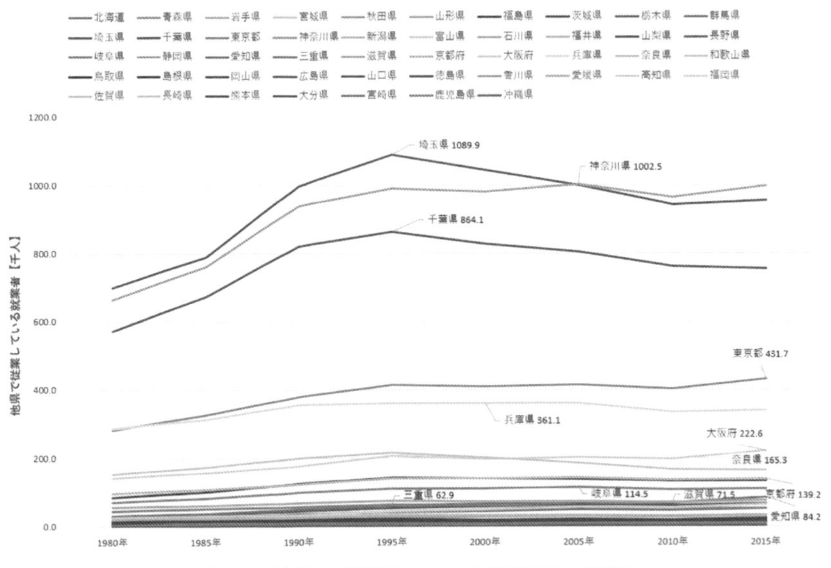


図46　他県で従業している就業者の推移

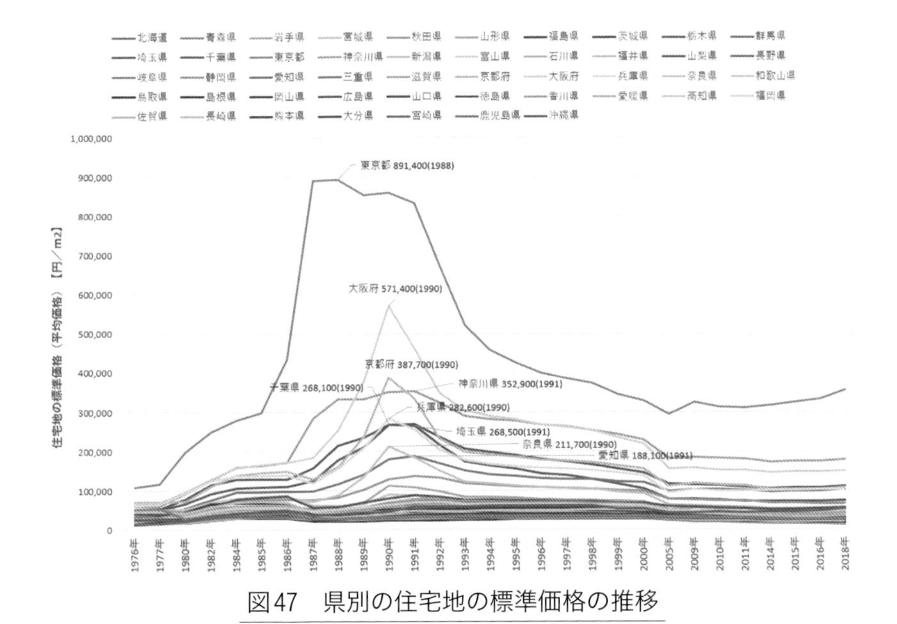


図47　県別の住宅地の標準価格の推移

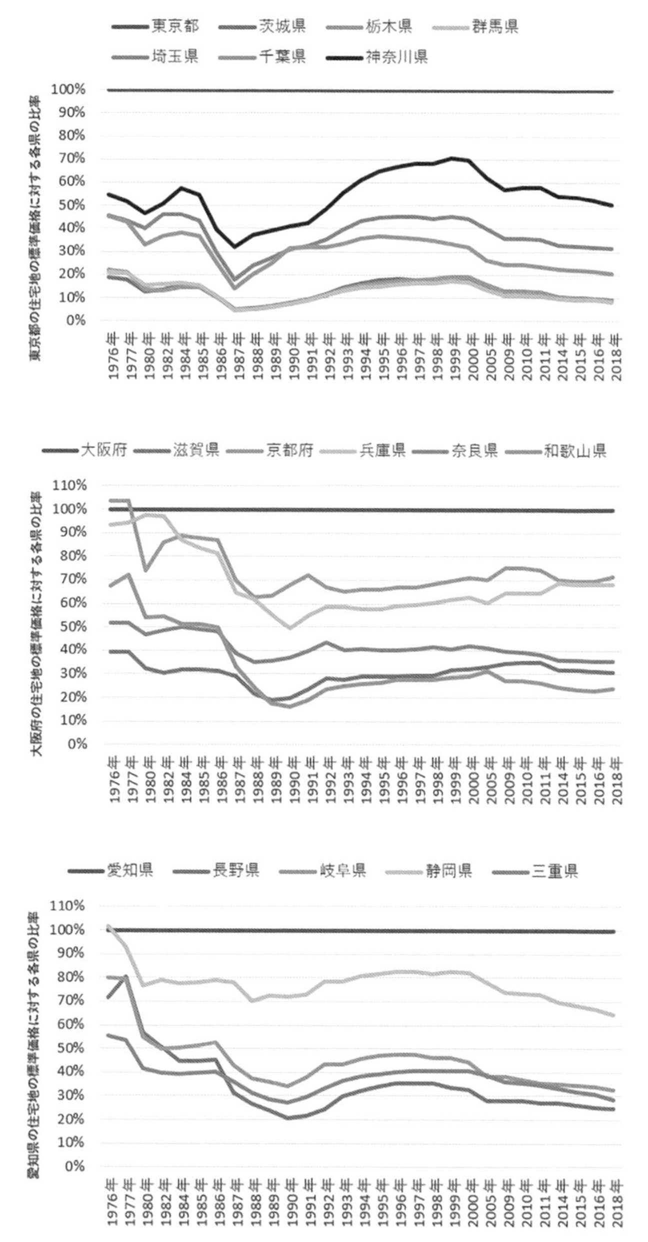


図48　住宅地の価格の近隣接県との比率［東京都、大阪府、愛知県］

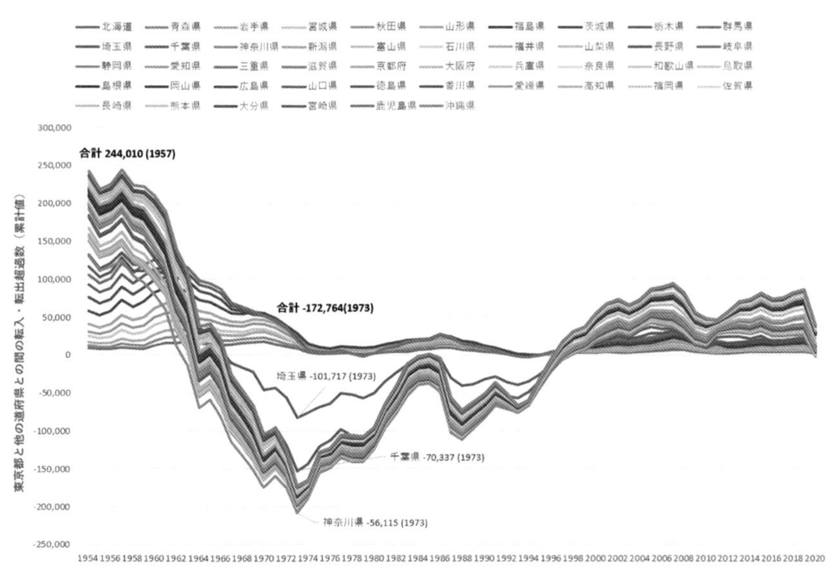


図49　東京都と他の道府県との間の転入・転出超過数推移（マイナス表示は転出超過を示す）

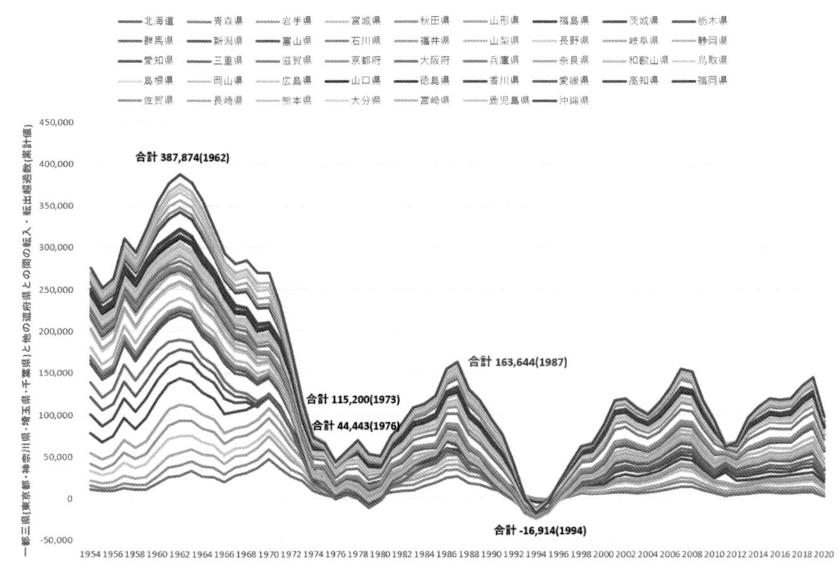


図50　１都３県と他の道府県との間の転入・転出超過数推移（マイナスは転出超過を示す）

人が転入している。県別転出者数では、東京圏へは北海道、東北、北関東と新潟、長野、静岡の距離的に近い県が多く、大阪圏へは九州、中国と和歌山が多い、名古屋圏へは長野、静岡に加えて九州の人が相対的に多い。一方、図52の転出の出身地域について見てみると東京圏は東北・北海道と関東甲信越が８割以上を占め、中部北陸が５割程度で西日本地域は２、３割となっている。大阪圏では中国、四国が７割で近畿、九州が５割、また名古屋圏では近畿、九州が２割で中部北陸は１割となっていて、特に中部北陸は東京圏と大阪圏に引っ張られていることが見て取れる。図53の三大都市圏への県別の転出者数では５万人以上は北海道、福島県、茨城県、新潟県、静岡県、福岡県、鹿児島県の７道県で沖縄県は区分されていない。

図54は国勢調査によって得られる県別の総人口の五年毎の増減率である。1950年県別の総人口を基準として1955年に大きく増加したのは東京都と大阪府で、1960年から1965年は神奈川県が最も大きな増加率となり、埼玉県と千葉県では1965年から1970年の期間である。図47の

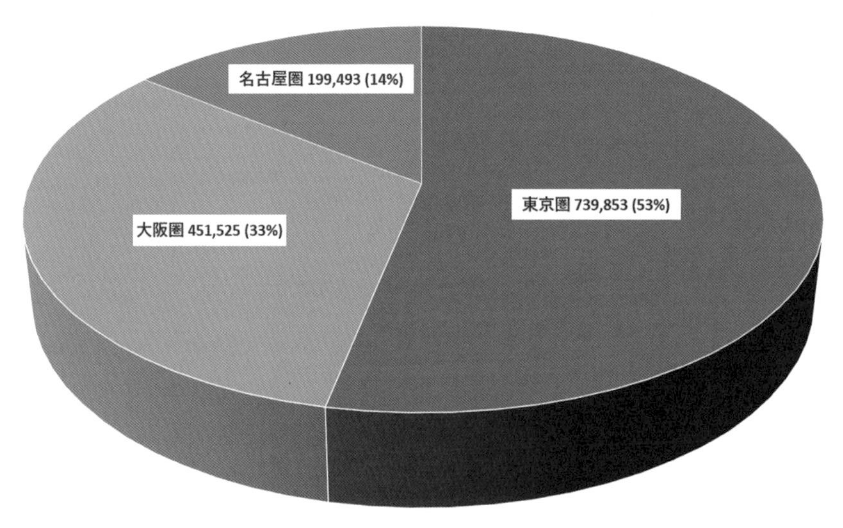


図51　三大都市圏別転入者合計比較（1962年）

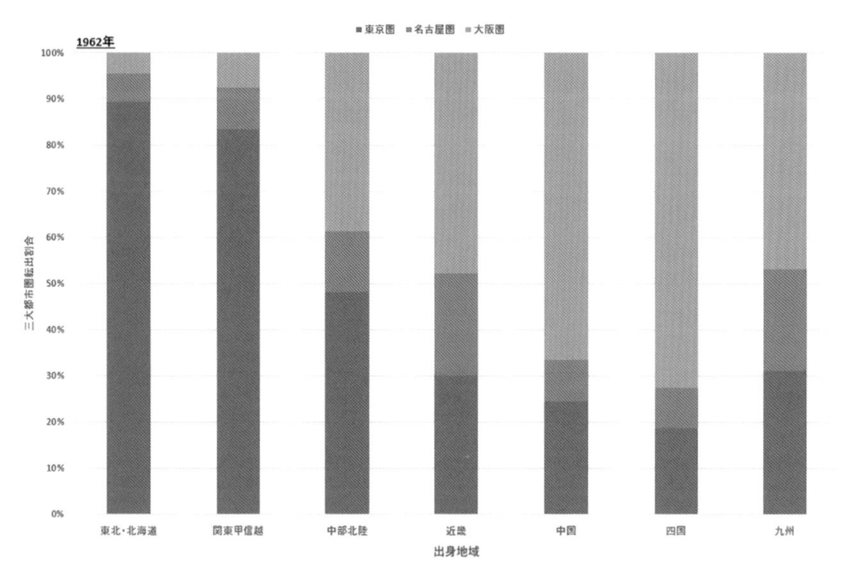


図52　出身地域別三大都市圏への転出割合（1962年）

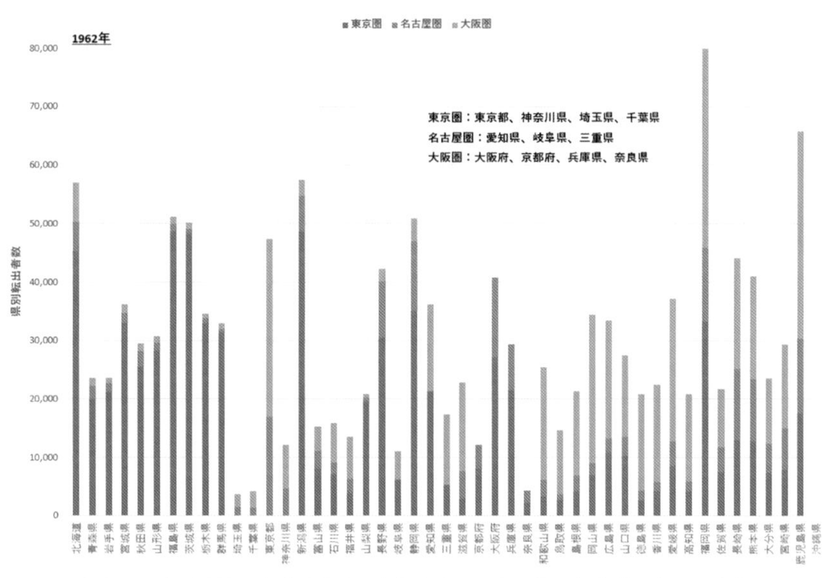


図53　東京圏、名古屋圏、大阪圏への県別転出者数（1962年）

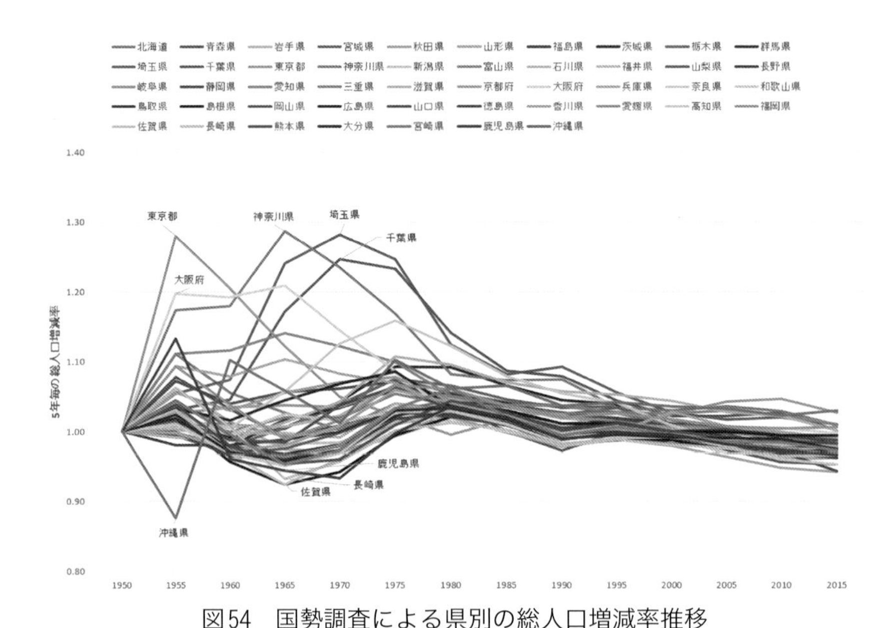


図54　国勢調査による県別の総人口増減率推移

県別の住宅地の標準価格の推移と図49の東京都と他の道府県との間の転入出超過数も見比べてみると、日本の戦後の復興にあたって労働力が必要であったので、地方から東京に集団就職も含めて集まり、居住は寮や社宅であったが、一定の年限を経て分譲や賃貸のマンションや一戸建てに移り住むにあたって、東京都は住宅地が高騰化したので近隣の神奈川県や埼玉県、千葉県に引っ越し、通勤通学者数の増加を招いたという構図が描ける。

図55は総人口に対する昼間人口の比率の推移を示す。図44、図45の他県への通勤・通学者数の増加に伴い東京都や大阪府、愛知県では昼間の人口が増加するので、昼間人口比率は100%を超える。一方、埼玉県や千葉県、神奈川県、奈良県、兵庫県、滋賀県などでは100%を大きく割り込むことになる。2000年以降では特に東京都で転出が減り、総人口で増加が見られるため昼間人口比率は少しずつ減少してきている。図56の県別の総人口の日本の人口との比率は、東京について見ると前図

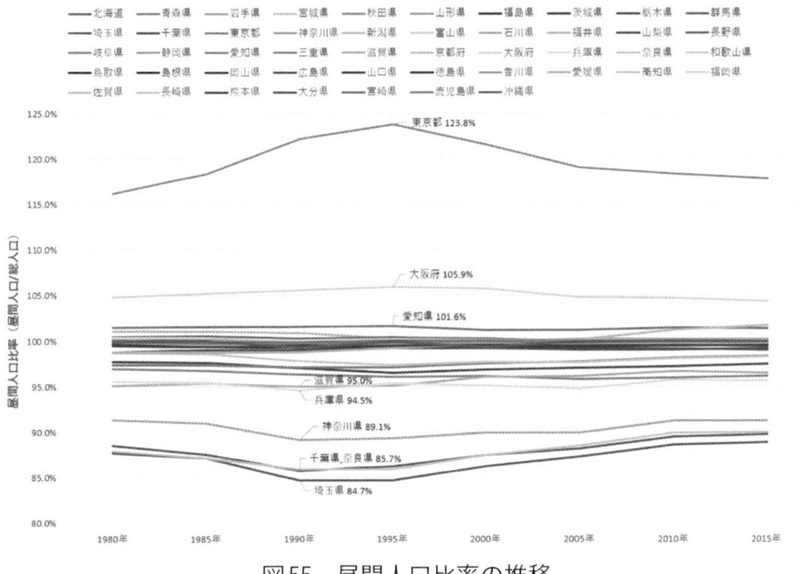

図55　昼間人口比率の推移

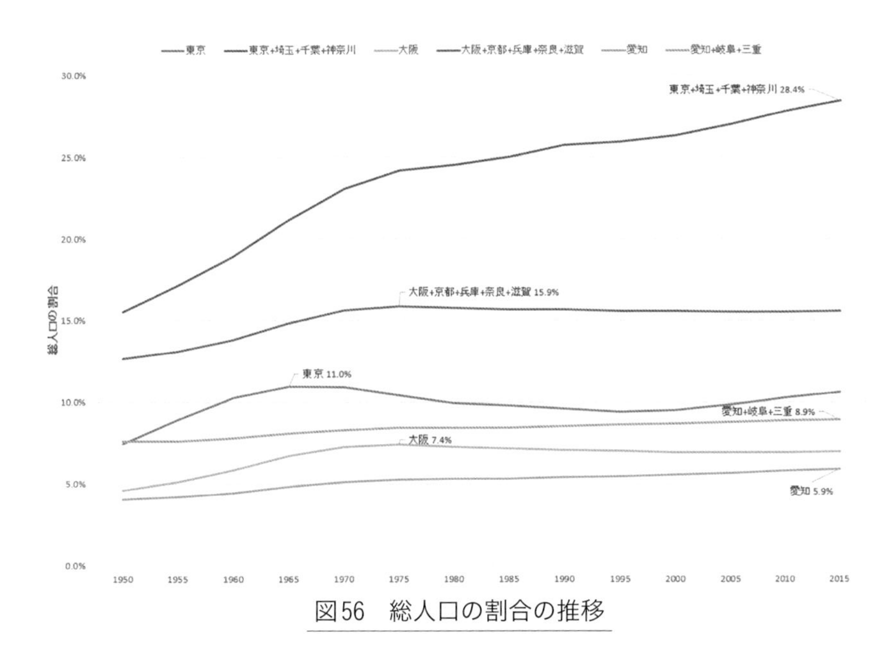


図56　総人口の割合の推移

と逆の傾向が見られるが、東京圏（東京、埼玉、千葉、神奈川）で見ると1950年から一貫して増加傾向が続き、2015年には28.4％と３割近くの人口集中が見られる。

## 2.1　県民所得について

県民所得は雇用者報酬と財産所得、企業所得の合計で表される。まず、雇用者報酬は賃金・俸給と雇主の社会保険料負担などで構成されるが、県別の雇用者報酬の推移を図57に示す。東京都が他の県を引き離しているが、2001年からほぼ横ばいで、若干減少の傾向も見られる。特に、大阪府では減少が著しい。

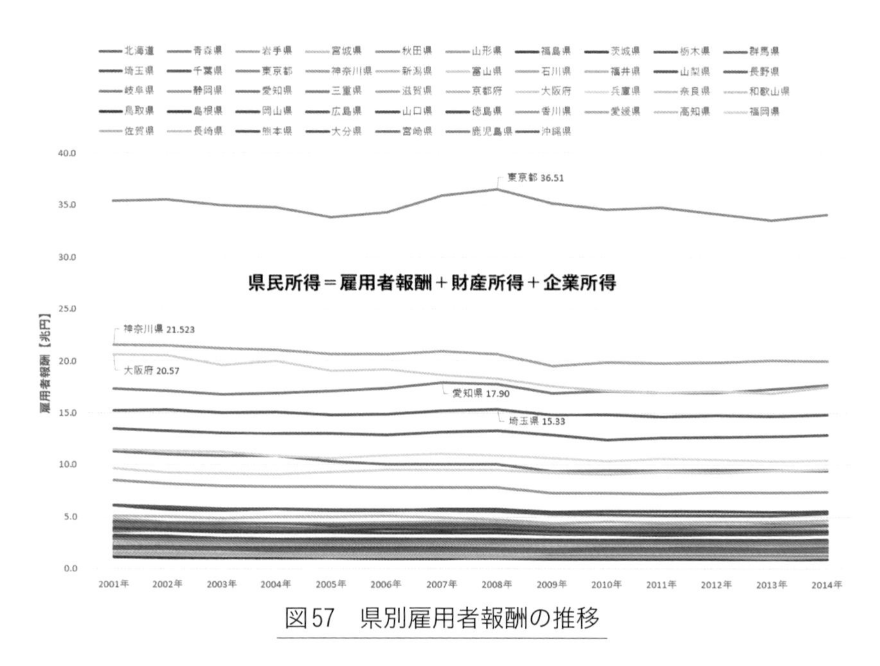


図57　県別雇用者報酬の推移

次に県別の財産所得の推移の図58でも東京都が群を抜いており、2008年からリーマンショックの影響を受けて2014年時点では回復しきれていない。図59、図60の企業所得の推移も前図と同様の傾向を持つ。

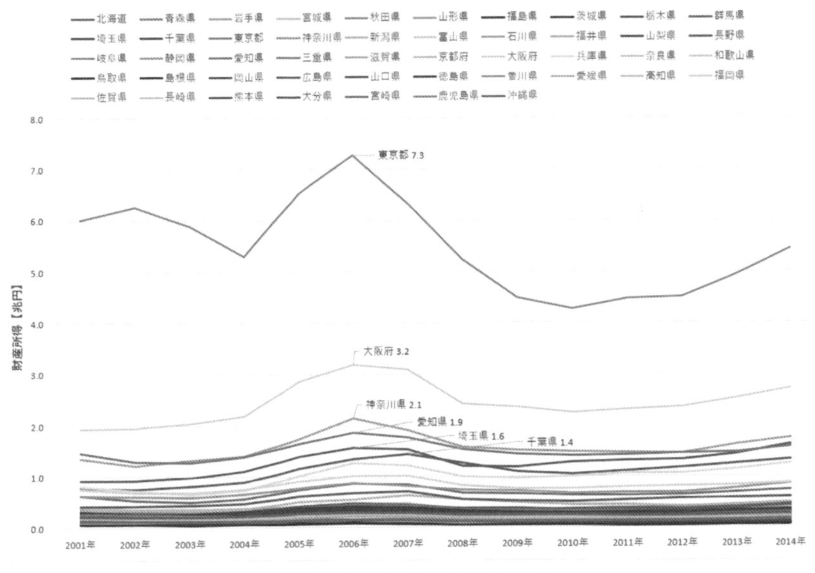


図58　県別財産所得の推移

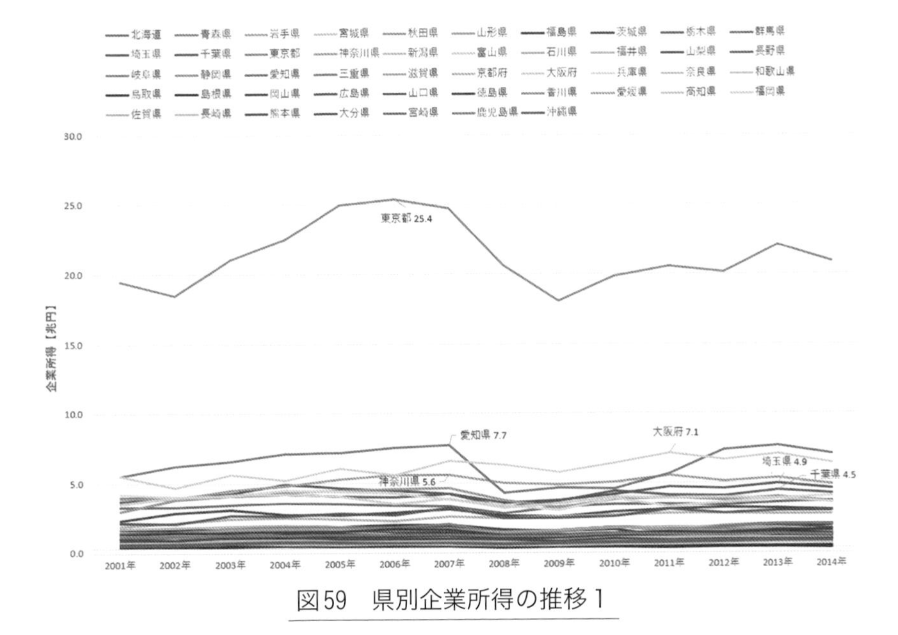


図59　県別企業所得の推移１

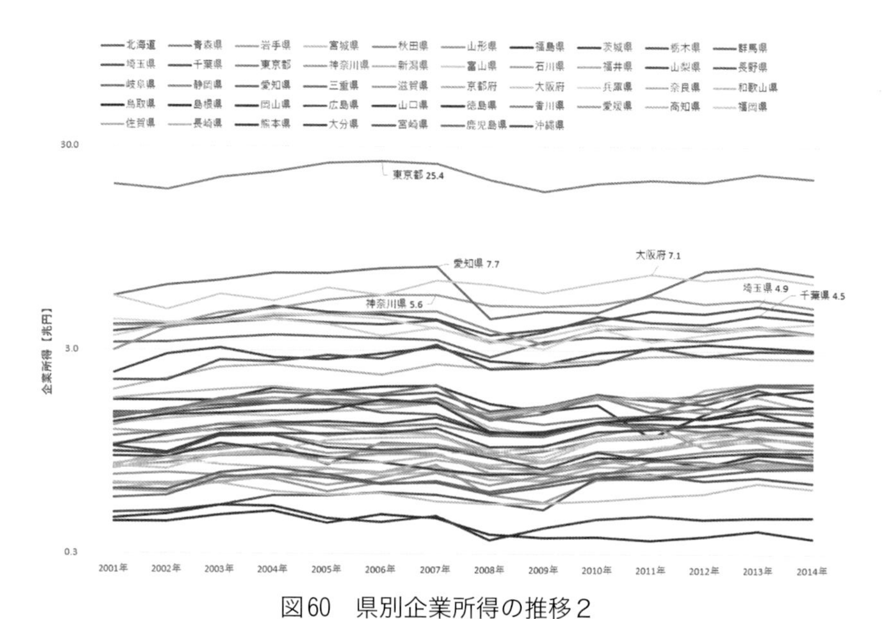


図60　県別企業所得の推移２

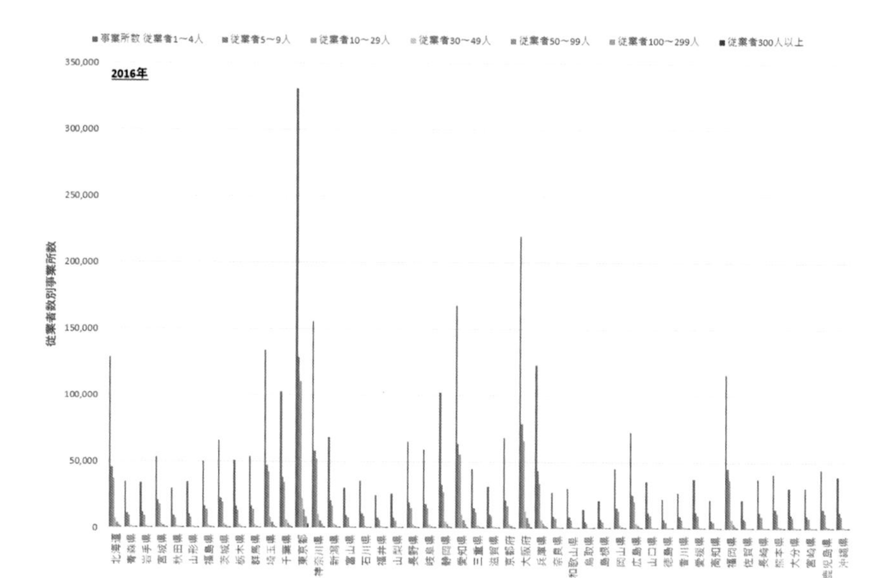


図61　県別従業者数別事業所数（2016年）

東京都に続いて、愛知県、大阪府、神奈川県、埼玉県、千葉県となっている。

図61は2016年の従業者数別事業所数を示す。東京都は従業者300人以上の事業所が30万ある。一方、図62の割合では24.9%であり、2位の大阪府の8.5%を大きく引き離している。次に、東京都の従業者数100～299人の割合が17.4%、50～99人は14.1%で規模が大きい企業が東京に集中していることが分かる。図63と図64は民営従業者300人以上の事業所数と割合を示すが、東京都で2009年2802、23.5%、2011年2875、24.1%、2014年3043、24.8%、2016年3048、24.9%と順調に伸びている。次に、2位の大阪府は1000事業所前後で割合は8.5%前後と横ばいである。

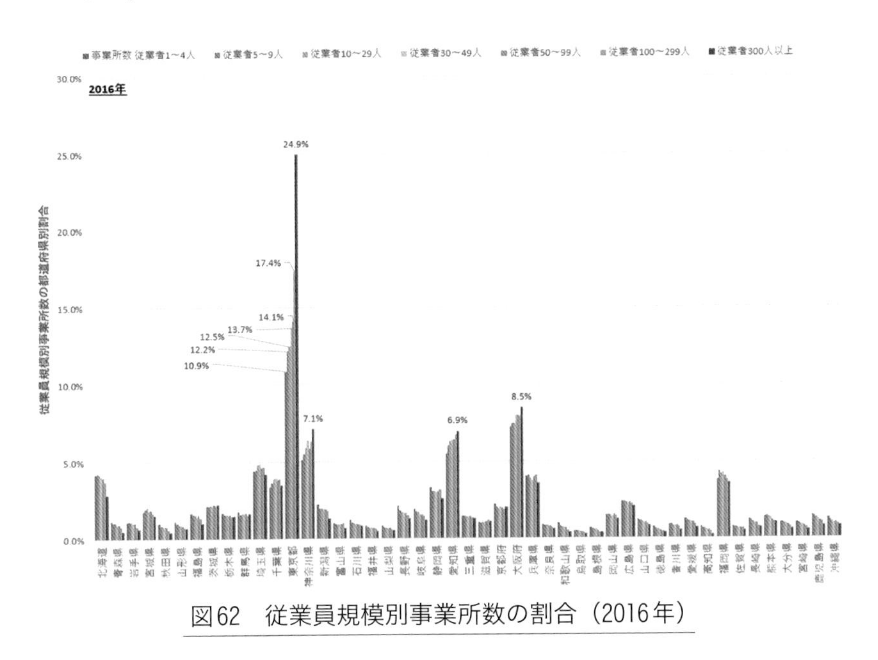


図62　従業員規模別事業所数の割合（2016年）

県民所得を考える時、図64の民営従業者300人以上の事業所の県別の割合は東京都と大阪府、愛知県がそれぞれの近隣県に比べて高い。他県への通勤・通学者数（図44、図45）と他県で従業している就業者（図46）が近隣県で多いので、県外からの所得（図65）について見てみると、埼玉県、神奈川県、千葉県と兵庫県、奈良県が多く、一方東京都と大阪府では大きくマイナスとなっており県外へ所得が流出していることを示している。また、県外からの所得の定義を見ると雇用者報酬、財産所得などが含まれているが企業所得は含まれていないことが分かる。図66には2015年の県民所得額順の県名と県民所得の内訳を示す。１位の東京都の企業所得は２位の大阪府の県民所得と同額で、如何に東京都に企業（登録住所）が集中しているかが再認識させられる。図67、図68には県民総所得の推移を示すが、東京都が他県の２倍以上で群を抜いて多いことに驚かされる。

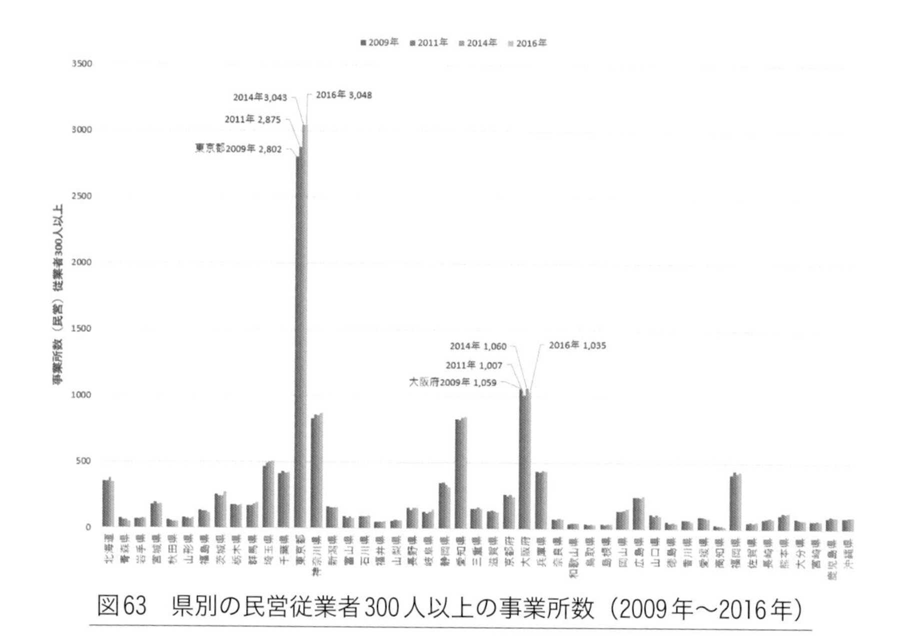


図63　県別の民営従業者300人以上の事業所数（2009年～2016年）

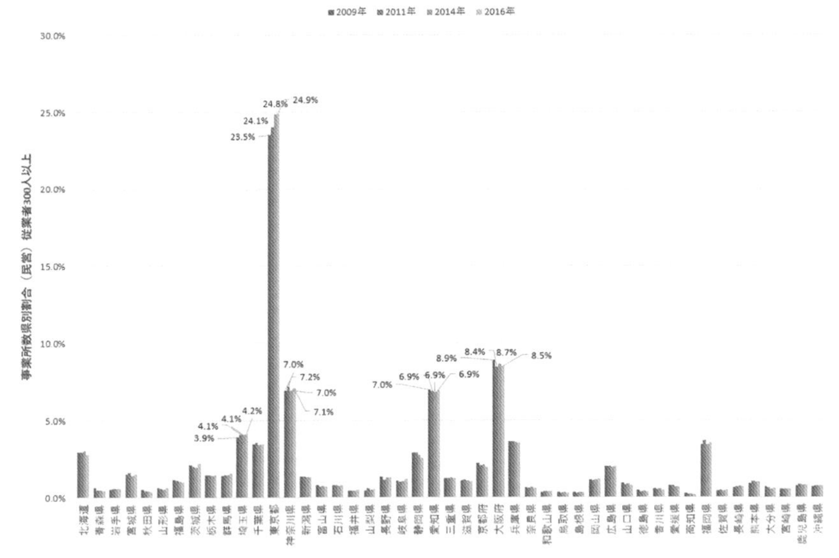


図64　県別の民営従業者300人以上の事業所割合（2009年～2016年）

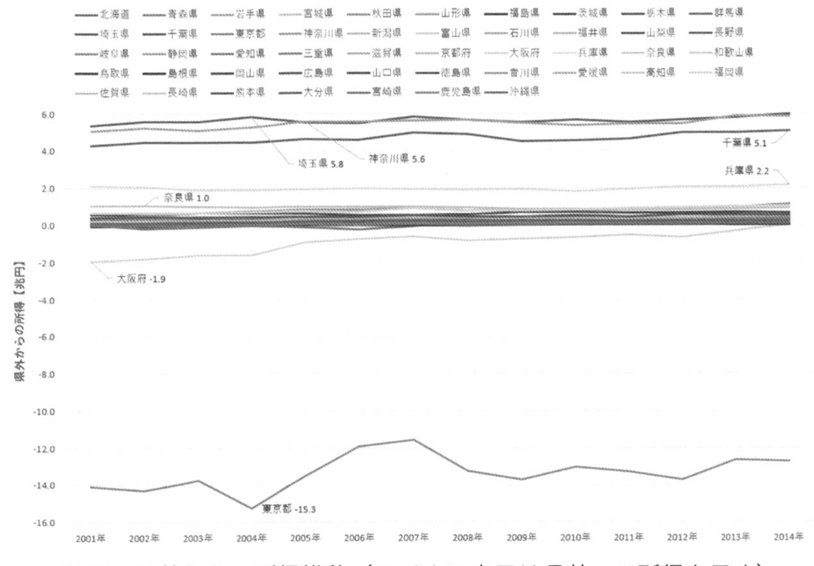


図65　県外からの所得推移（マイナス表示は県外への所得を示す）

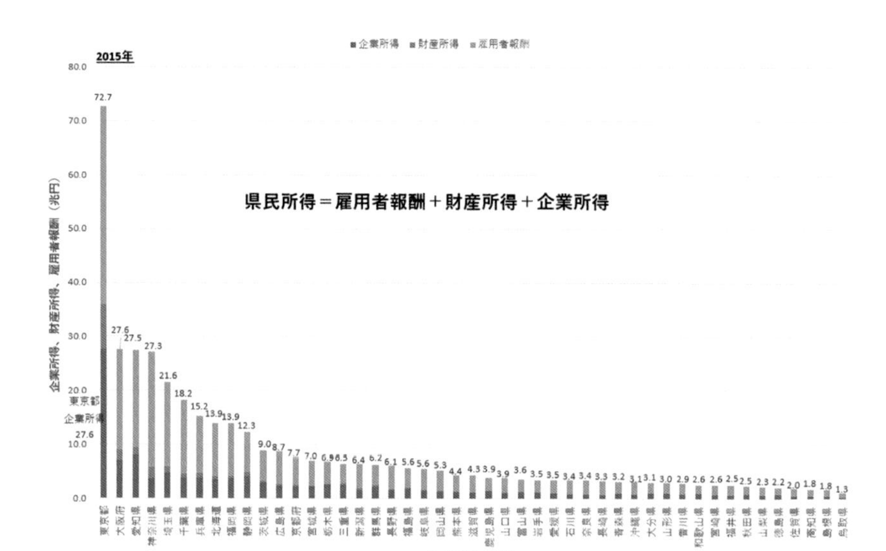


図66　県民所得額順県民所得（2015年）

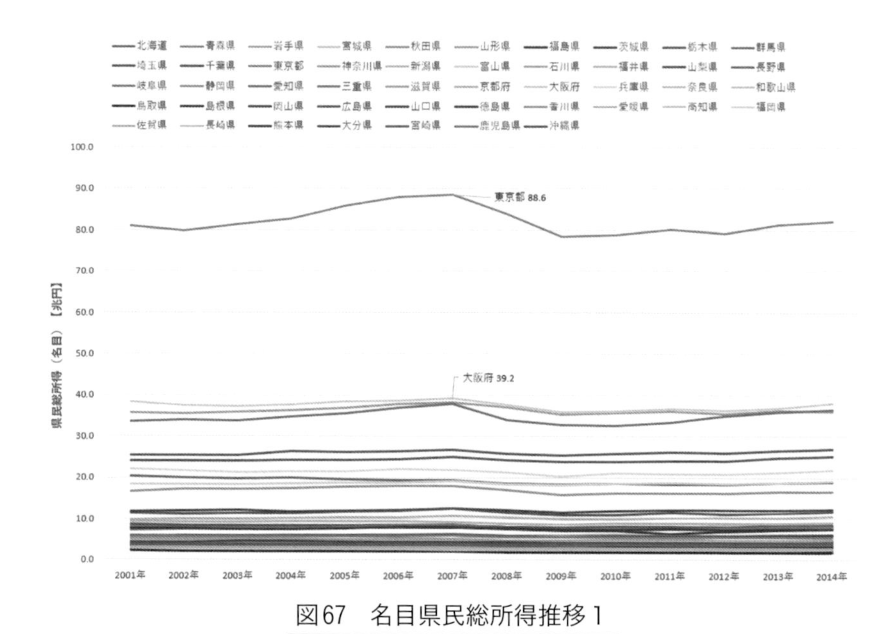


図67　名目県民総所得推移1

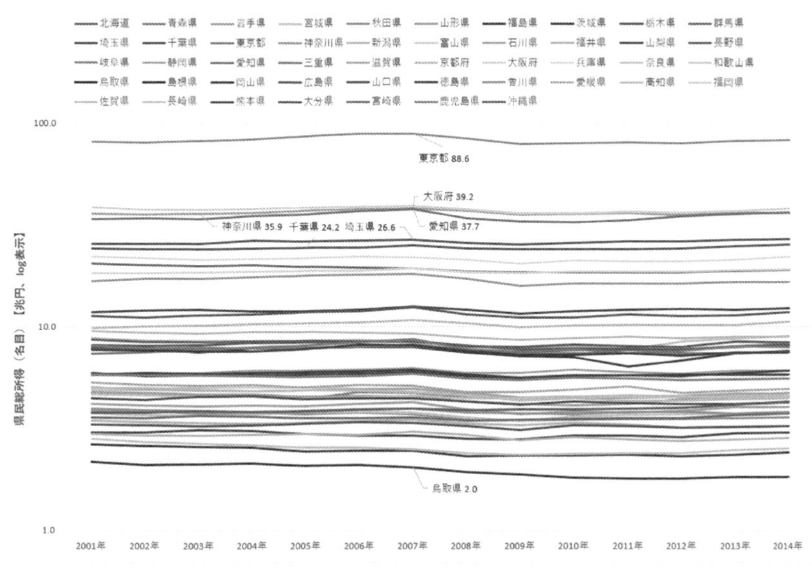


図68　名目県民総所得推移２

## 2.2　医師数と医療関係施設の県別比較

図69には住民10万人あたりの医師数について、東京都を基準とした時の各県の比率の推移を示す。鳥取県、徳島県、京都府が上位を占めているのに対して、1980年以降では埼玉県、茨城県、千葉県、岐阜県、神奈川県が下位に並んでいる。図70は2016年の住民10万人あたりの医師数順の県名を横軸にとり、縦軸には住民10万人あたりの医師数と、棒グラフで医師数を示した。東京都は医師数が45,000人で他県を圧倒しており、住民10万人あたりの医師数でも第三位である。一方埼玉県、千葉県、神奈川県は医師数が12,000人から20,000人と上位であるものの、住民10万人あたりで見ると下位となってしまい、住民の増加に追従していないことが見て取れる。図71では補集合住民10万人あたりの医師数について東京都を基準とした時の各県別の比率推移を示す。補集合で大小が逆転していることに注意してみると、全ての県が１以上で、東京都が１位を堅持しており大阪府、福岡県、京都府が続いていて、埼

玉県、千葉県、神奈川県が下位を継続している。図72には2016年の、横軸に補集合住民10万人あたりの医師数順の県名、縦軸に補集合住民10万人あたりの医師数と棒グラフで医師数を示した。補集合で大小関係が逆転しているが、総平均以上で住民の多い東京都、福岡県、大阪府が上位に、総平均以下で住民の多い埼玉県、神奈川県、千葉県が下位に並んだ。図73は横軸に県別の人口を考慮した住民10万人あたりの医師数順の県名を、縦軸に住民10万人あたりの医師数と棒グラフで医師数を示した。本図が数学的な比較、順序付けの結果を示すものである。京都府と徳島県は単純に住民10万人あたりの医師数では1位、2位であったが、人口を考慮した場合には4位と8位となった。

図74には2016年の、横軸に日本の総人口に対する県人口の割合、縦軸に補集合住民10万人あたりの医師数の散布図を示す。東京都は大阪府や福岡県と、また、埼玉県は他の県と大きく離れていることが分かる。

図75には県別の病院数の推移を示す。東京都が1位で、2位に北海

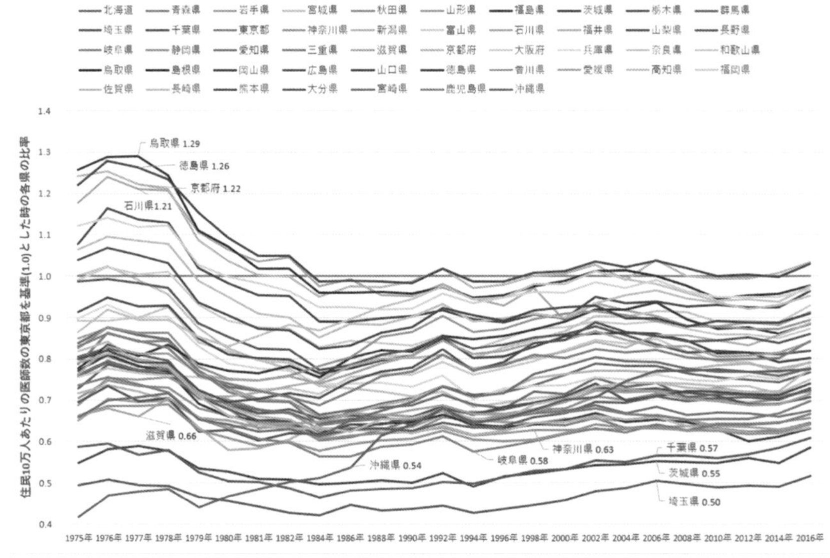


図69　東京都を基準とした各県別の医師数比率推移

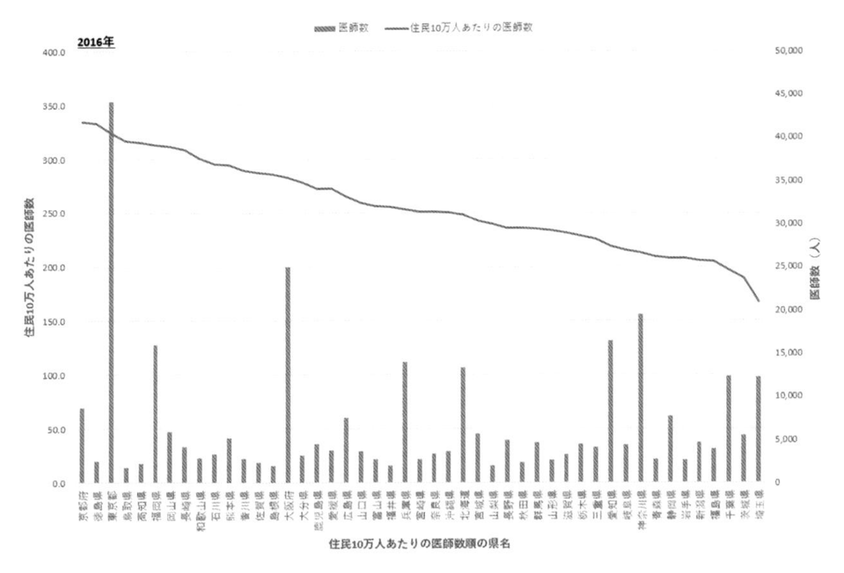


図70　住民10万人あたりの医師数順の県と医師数（2016年）

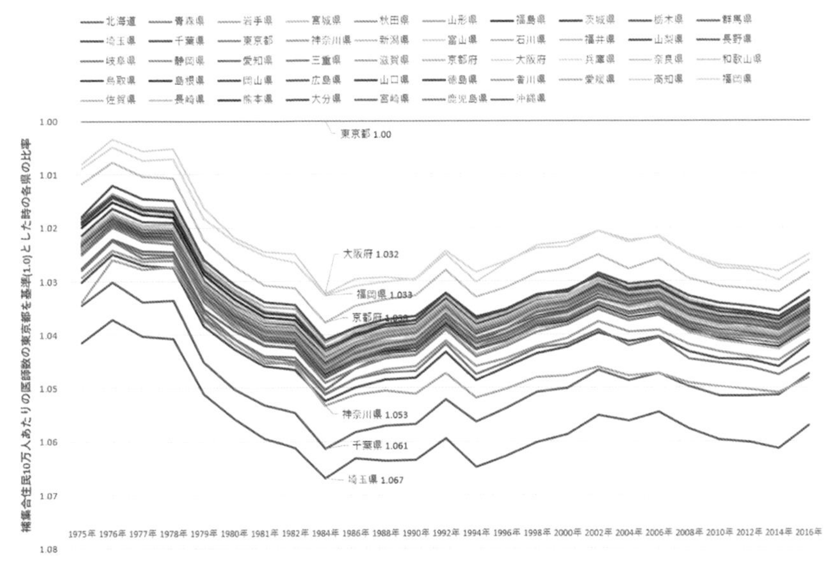


図71　補集合住民10万人あたりの医師数について東京都を基準とした各県別の比率の推移

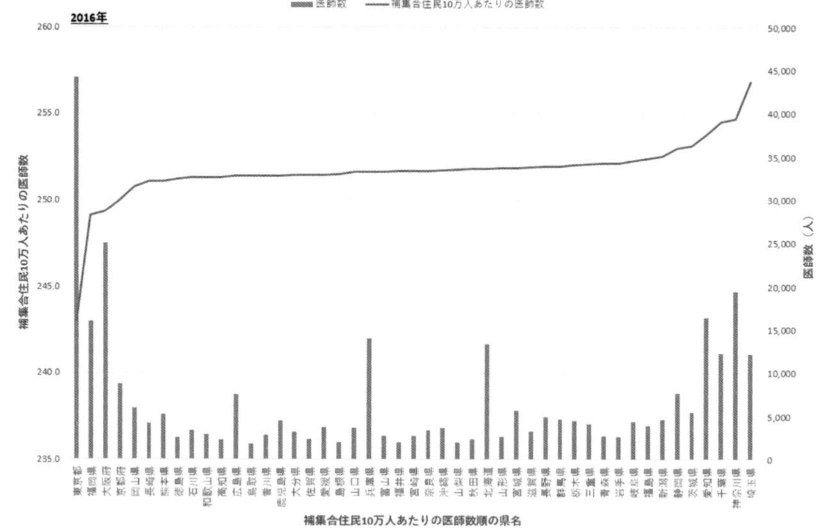


図72　県別の補集合住民10万人あたりの医師数順と医師数（2016年）

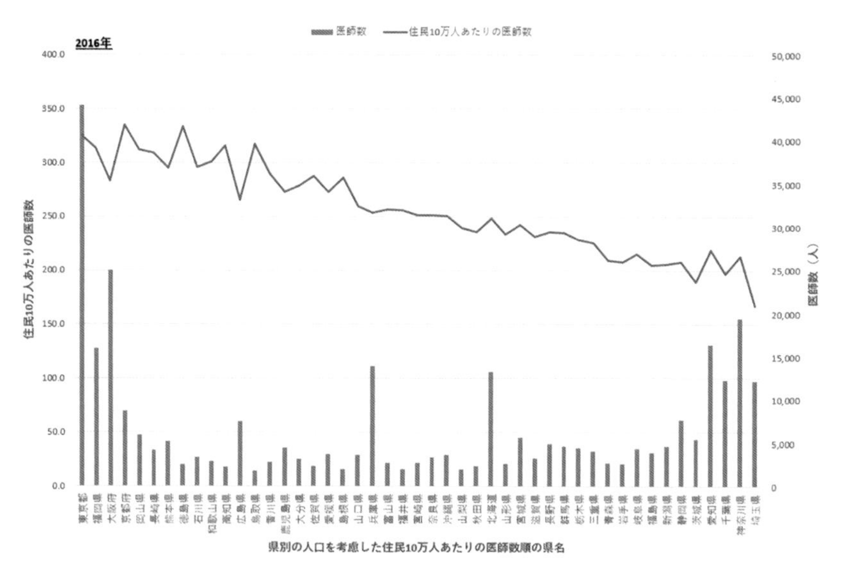


図73　県別の住民人口を考慮した住民10万人あたりの医師数順と医師数（2016年）

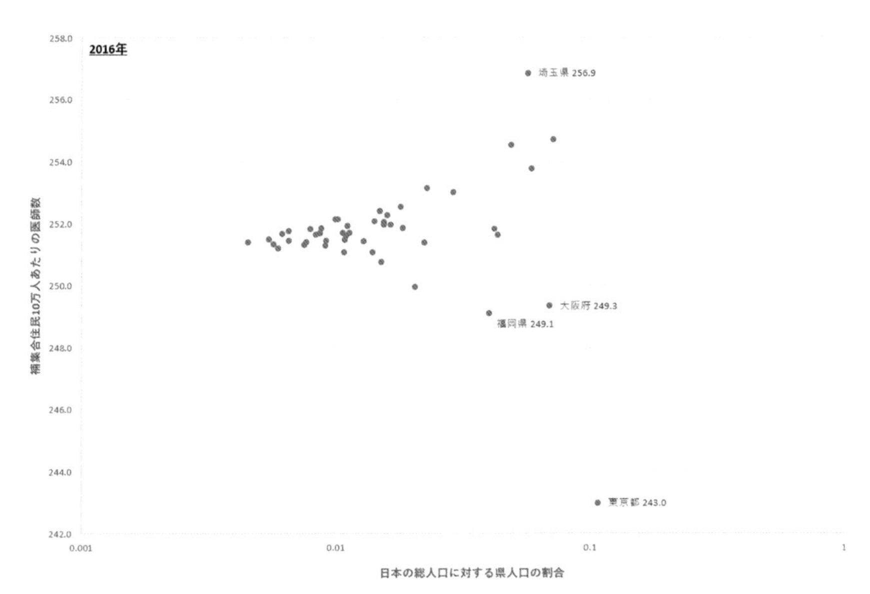


図74　県住民数の割合と補集合住民10万人あたりの医師数の関係（2016年）

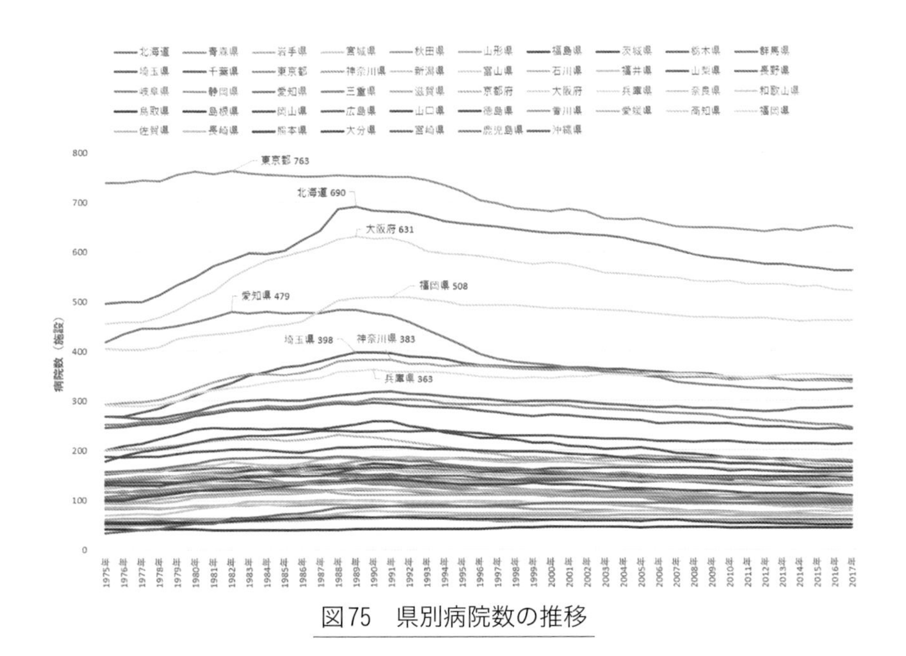


図75　県別病院数の推移

道が入っている。面積が大きく通院距離や時間の手間と関連があるのだろうか。県によって若干差があるが、1995年前後から多くの県で病院数が減少している。医療の高度化によって導入設備の高額化、日本全体に人口の減少が迫ってきたので病院の維持管理が難しくなっているのだろうか。図76は2015年の県別の病院数と総人口（棒グラフ）に対して横軸に病院数順に並べたものである。総人口と病院数は傾向がほぼ合っており、需要に応じて病院が運営されているように思える。図77は2015年の県別の住民10万人あたりの病院数と総人口（棒グラフ）に対して横軸に住民10万人あたりの病院数順に並べたもので、前図で１位であった東京都が42位となり、代わって高知県と鹿児島県が１位、２位となっている。住民10万人あたりの病院数と総人口に対して依存性は見られない。図78は2015年の県別の補集合住民10万人あたりの病院数と総人口（棒グラフ）に対して横軸に補集合住民10万人あたりの病院数順に並べたものである。補集合は対象関係が逆になることに考慮して北海道が１位に、鹿児島県が２位になったのに対し、東京都が46位

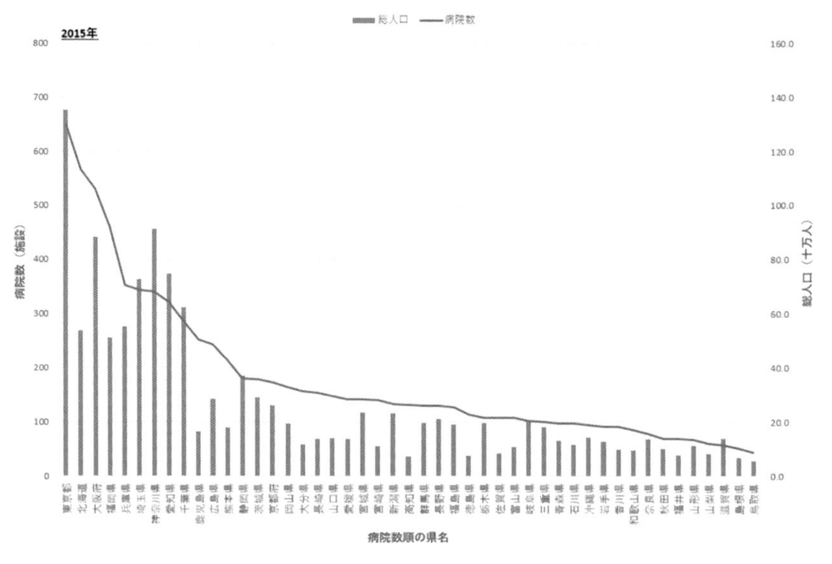


図76　県別の病院数順と住民人口（2015年）

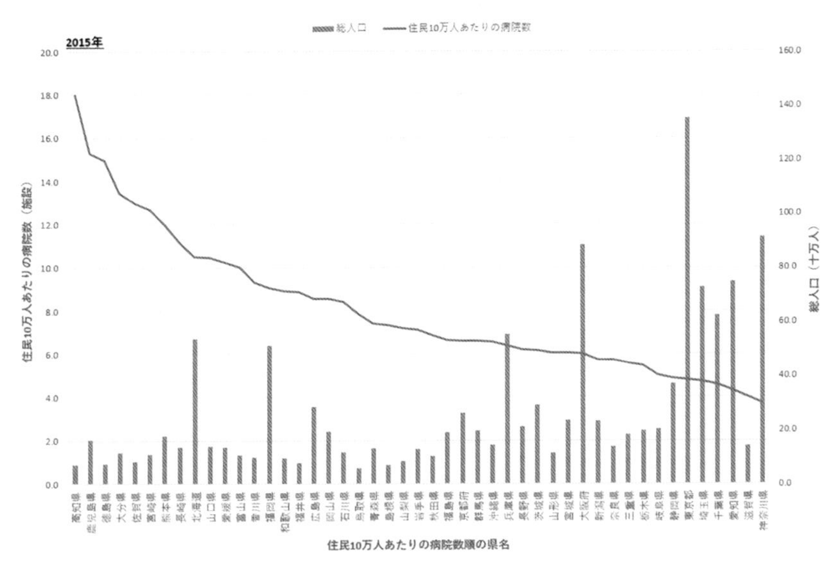


図77　県別の住民10万人あたりの病院数順と住民数（2015年）

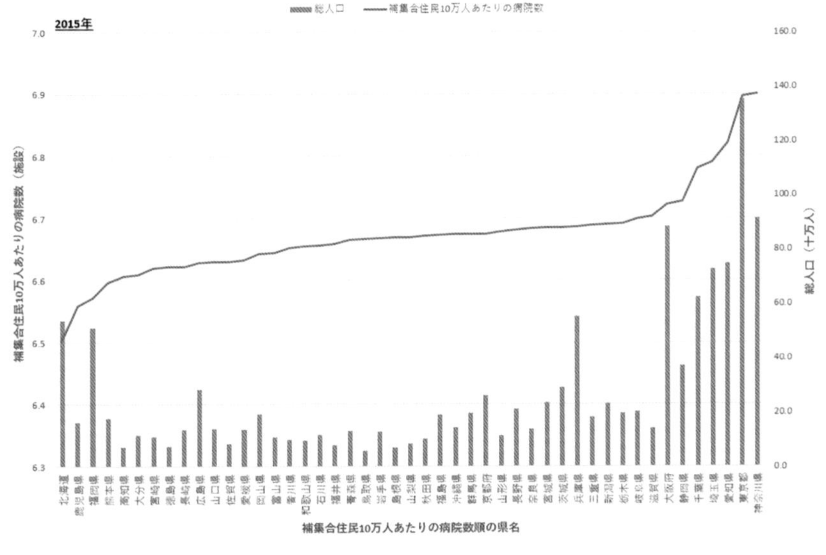


図78　県別の補集合住民10万人あたりの病院数順と住民数（2015年）

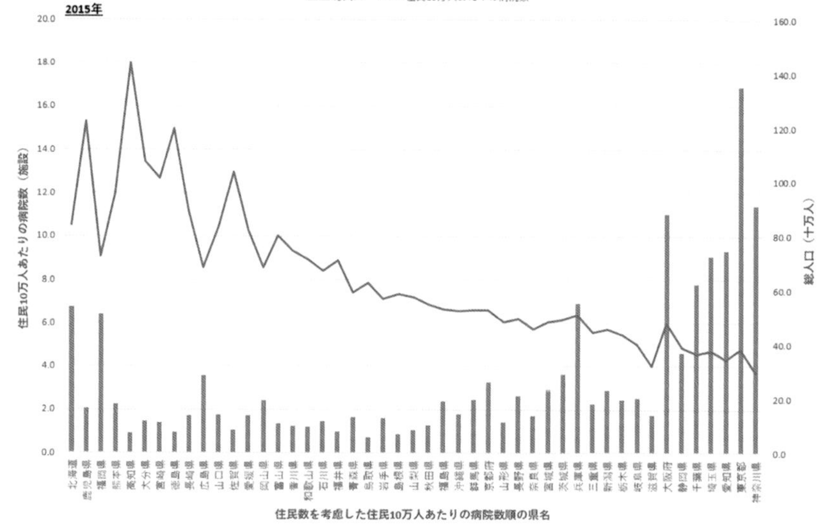


図79　県別住民数を考慮した住民10万人あたりの病院数順と住民数

に神奈川県が47位となる。総平均よりも大または小で総人口の多い方が最上位または最下位に近づいている。図79は2015年の県別の住民10万人あたりの病院数と総人口（棒グラフ）に対して、横軸に住民数を考慮した住民10万人あたりの病院数順を示した。住民10万人あたりの病院数が最も多い高知県は総人口との関連で5位に、次の鹿児島県は2位となった。

図80には県別の一般診療所数の推移を示すが、各県ともほとんどが増加の傾向にあり、東京都が1位、大阪府が2位、神奈川県が3位を継続している。図81には2015年の県別の一般診療所数と総人口（棒グラフ）に対して、横軸に一般診療所数の順を示す。46位、47位は高知県、鳥取県である。一般診療所は患者が受診して成り立つため、総人口の内の一定の割合で患者になる（特定の地域で多発し、その影響が大きい風土病がそれほどないと思える）ので多少の差異はあるが、一般診療所数は総人口にほぼ合っている。図82は2015年の県別の住民10万人あたり

の一般診療所数と総人口（棒グラフ）に対して、横軸に住民10万人あたりの一般診療所数順を示している。１位は和歌山県、２位は島根県、３位は長崎県、一方46位は茨城県、47位は埼玉県となっており、図77の病院数の場合には和歌山県は15位、島根県は22位、長崎県は８位、茨城県は32位、埼玉県は43位である。上位は地方の各地が出現するが、下位は関東の東京都周辺の県である。図83は2015年の県別の補集合住民10万人あたりの一般診療所と総人口（棒グラフ）に対して、横軸に補集合住民10万人あたりの一般診療所数順を示している。補集合は大小が逆転していることを思い出すと１位が東京都で２位は大阪府であるが、図78の病院数の場合には１位であった北海道が45位、２位の鹿児島県は15位である。図84は2015年の県別の住民数を考慮した住民10万人あたりの一般診療所数と総人口（棒グラフ）に対して、横軸に住民数を考慮した住民10万人あたりの一般診療所数を示す。住民数を考慮した住民10万人あたりの一般診療所数の図84と同病院数の図79を比較してみると、一般診療所は東京都が95.8、大阪府が94.4、北海道が62.6、

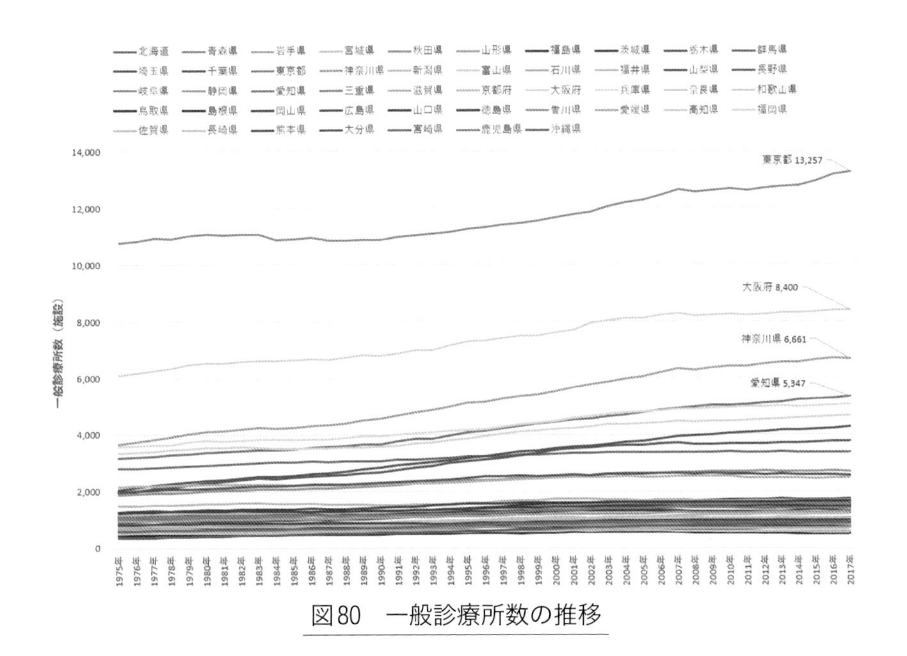


図80　一般診療所数の推移

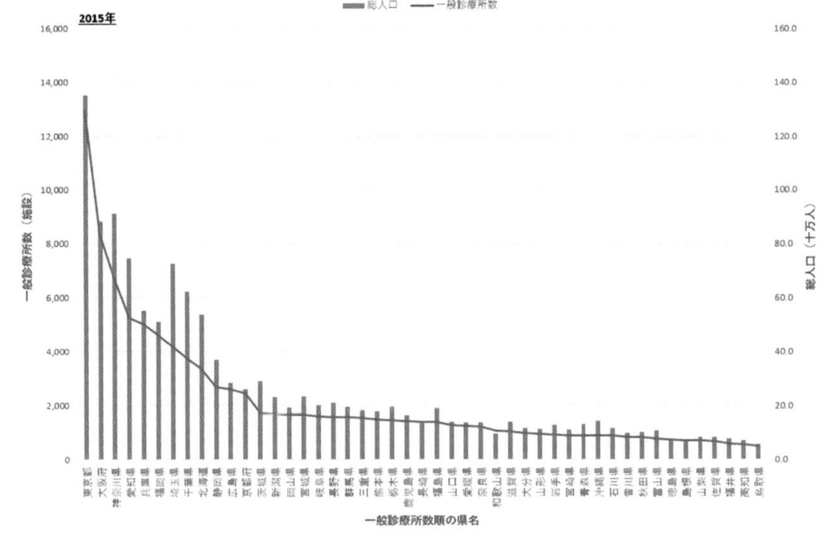


図81　県別の一般診療所数順と住民数（2015年）

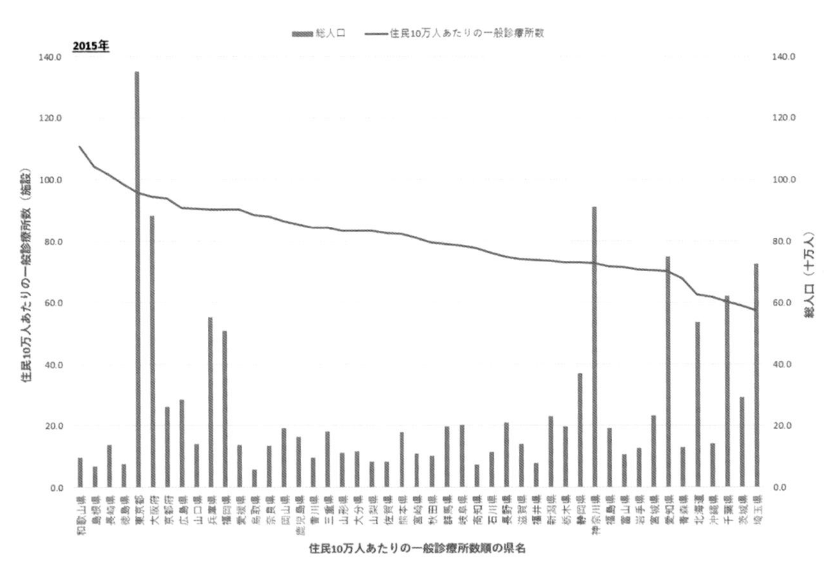


図82　県別の住民10万人あたりの一般診療所数順と住民数（2015年）

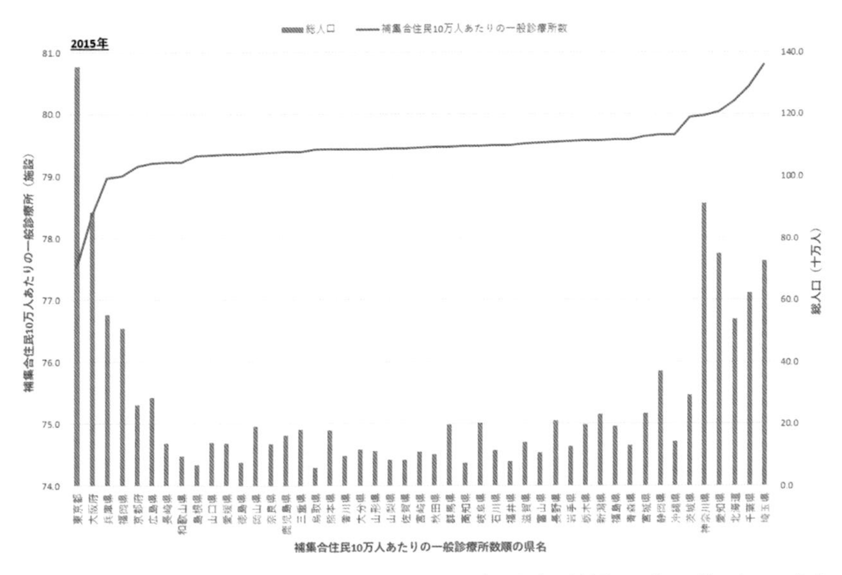


図83　県別の補集合住民10万人あたりの一般診療所数順と住民数（2015年）

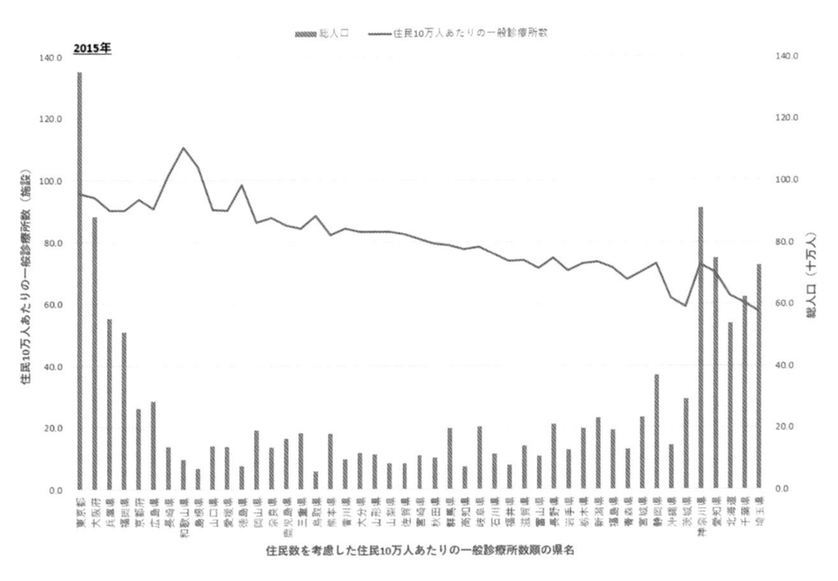


図84　県別の住民数を考慮した住民10万人あたりの一般診療所数順と住民数（2015年）

鹿児島県は85.5で、病院は東京都が4.8、大阪府が6.0、北海道が10.5、鹿児島県は15.3となっている。北海道が一般診療所は東京都の3分の2で、病院は2.2倍であるのに対して、鹿児島県は一般診療所が東京都の10分の9で病院は3.2倍である。北海道は寒冷地で面積が広大であることが関係しているのだろうか。

いままでに述べてきたことを簡単にまとめてみると、行政の区分と住民の生活行動が一致していないことに起因している。いくつかの都道府県をまとめて行政区分を変えることが考えられる。たとえば、単純には北海道、東北、関東、中部、近畿、中国、四国、九州・沖縄であるが、その他にも現有のデータからシミュレーションを行って利害得失を見る、日本全体で投票によって人口減少も考慮に入れて50年後の日本を考えることが求められていると思う。総務省統計局にはまだまだ有用なデータがたくさんあり、入手して分析していきたい。

# 3．プロ野球勝敗表のふしぎの解明

簡単に述べると、

①プロ野球の各試合間で互いに素であることを仮定する［各試合のデータは勝ち試合を“1”、負け試合を“0”とする］と、有限加法性が成り立ち、その集合関数として算術平均（勝率）を用いる。

②次に、全球団、全試合を空間として、各球団の成績の補集合を求めてその算術平均を算出する。

③また、各球団が一試合目の時には同率による同順位も認めると勝率では全順序関係が成り立ち、その補集合も同一の試合数になるので勝率で全順序関係が成り立つ。次に、補集合の平均（勝率）は試合数の増加に対して全順序関係が継続する。

④また、球団の成績の算術平均（勝率）と補集合の平均は一次式で表され［平均項の係数は負号（－）が付く］、全単射となるので、同値関係が成り立つ。

⑤したがって、まず補集合の平均（勝率）で順序付けを行い、同値関係を用いて対応する集合（球団）の勝率［試合数、勝ち試合数などを含めて］に置き換えれば、大小は逆転するが、数学的（勝率と試合数を考慮した）な順序付けができる。

**【実データの適用例】**

新聞のスポーツ欄に、プロ野球のシーズン中であれば毎日のようにセ・リーグやパ・リーグの勝敗表が載っている。この表を見ていて時々ふしぎに思うのが、勝率の順位に対して勝差またはゲーム差に－（負号）が付いていることである。

たとえば、表24のパ・リーグの勝敗表は2017年８月11日付の朝刊に載っていたもので、８月10日までのパ・リーグ６チームの勝敗を表している。同表で楽天が勝率0.656で第一位、ソフトバンクが0.650で第二位となっているが、勝差（またはゲーム差）が–1.0と負号が付いている。ここで、勝率は$\frac{勝数}{勝数+負数}$で表され、一位の楽天は$\frac{61}{61+32}=\frac{61}{93}=0.656$、

表24　パ・リーグ勝敗表（2017年８月10日終了時）

| 勝率順位 | チーム | 試合 | 勝数 | 負数 | 分け | 勝率 | 勝差 |
|---|---|---|---|---|---|---|---|
| 1 | 楽天 | 94 | 61 | 32 | 1 | 0.656 | – |
| 2 | ソフトバンク | 103 | 67 | 36 | 0 | 0.650 | -1.0 |
| 3 | 西武 | 100 | 58 | 40 | 2 | 0.592 | 6.5 |
| 4 | オリックス | 99 | 45 | 53 | 1 | 0.459 | 13.0 |
| 5 | 日本ハム | 99 | 34 | 65 | 0 | 0.343 | 11.5 |
| 6 | ロッテ | 99 | 32 | 66 | 1 | 0.327 | 1.5 |

二位のソフトバンクは$\frac{67}{67+36}=\frac{67}{103}=0.650$となり、勝率を算出する分数の分母と分子の値がそれぞれソフトバンクの方がかなり大きくなっている。一方、勝差（ゲーム差）は［{(上位チームの勝数)－(下位チームの勝数)}＋{(下位チームの負数)－(上位チームの負数)}]÷２で算出されるが、ここで上位チームと下位チームのそれぞれの勝数と負数の差を考えてみると、当然上位チームの勝敗差の方が大きくなる。すなわち（上位チームの勝数－上位チームの負数)－(下位チームの勝数－下位チームの負数)＝(上位チームの勝数－下位チームの勝数)＋(下位チームの負数－上位チームの負数）は勝差の２倍となり、正である。しかし楽天とソフトバンクの場合には｛(61－67)＋(36－32)｝÷２＝–1となっている。

勝率は分数の値を単純に小数に直してその大小によって順序を決めて

いるが、分母の値については考慮していない。ここで、勝率を算出する分母は 勝数＋負数＝試合数－引分け数と表現されるので、引分け数を除いた試合数と言うこともできる。そこで、分母の値も考慮した補集合を使った勝率を算出してみる。表25に８月10日現在の引分け数を除いた試合数と勝数、勝率、勝差（ゲーム差）に加えて、補集合によって算出された引分け数を除いた試合数と勝数、補集合による勝率を示す。

ここで、補集合の勝率は従来の勝率（表24に示すもの）と一次式となるが、一次変数の係数に負号（－）が付くため大小が逆転する。つまり補集合の勝率の小さい方が上位になるので、楽天は試合数も考慮すると［数学的には］２位となり、ソフトバンクが１位となる。したがって表24で勝差またはゲーム差が–1となっていたのは１位と２位が逆転していたことを示していたことになり、表24の勝率は分母となる試合数を考慮していないため、同表の順位は数学的な順序になっていないことになる。

表25　パ・リーグ勝敗表に補集合算出値を追加（2017年８月10日終了時）

| 勝率順位 | チーム | 試合(除引分け) | 勝数 | 勝率 | 勝差 | 補集合試合(除引分け) | 補集合勝数 | 補集合勝率 | 補集合勝率順位 |
|---|---|---|---|---|---|---|---|---|---|
| 1 | 楽天 | 93 | 61 | 0.656 | – | 496 | 236 | 0.4758 | ② |
| 2 | ｿﾌﾄﾊﾞﾝｸ | 103 | 67 | 0.650 | -1.0 | 486 | 230 | 0.4733 | ① |
| 3 | 西武 | 98 | 58 | 0.592 | 6.5 | 491 | 239 | 0.4868 | ③ |
| 4 | ｵﾘｯｸｽ | 98 | 45 | 0.459 | 13.0 | 491 | 252 | 0.5132 | ④ |
| 5 | 日本ハム | 99 | 34 | 0.343 | 11.5 | 490 | 263 | 0.5367 | ⑤ |
| 6 | ロッテ | 98 | 32 | 0.327 | 1.5 | 491 | 265 | 0.5397 | ⑥ |

表26　パ・リーグ勝敗表（2017年８月30日終了時）

| | チーム | 試合 | 勝数 | 負数 | 分け | 勝率 | 勝差 |
|---|---|---|---|---|---|---|---|
| 1 | ｿﾌﾄﾊﾞﾝｸ | 118 | 78 | 40 | 0 | 0.661 | – |
| 2 | 楽天 | 111 | 64 | 45 | 2 | 0.587 | 9.5 |
| 3 | 西武 | 117 | 66 | 48 | 3 | 0.579 | 0.5 |
| 4 | ｵﾘｯｸｽ | 114 | 52 | 61 | 1 | 0.460 | 13.5 |
| 5 | 日本ハム | 113 | 44 | 69 | 0 | 0.389 | 8.0 |
| 6 | ロッテ | 115 | 39 | 75 | 1 | 0.342 | 5.5 |

次に、表26は2017年８月30日現在の先ほどと同じパ・リーグの勝敗表を示している。同表において勝差またはゲーム差はすべて正数である。この時点で補集合による試合数と、勝数および勝率を算出した結果を表27に追加して示す。その結果、補集合の勝率の小さい方からの順序と従来の方法による（表26に示す）ものの順序は同じ傾向となり、その結果求められる順位も同じであり、勝差またはゲーム差が正数であれば決まった順位に差異はない。

表27　パ・リーグ勝敗表に補集合算出結果を追加（2017年８月30日終了時）

| 勝率順位 | チーム | 試合(除引分け) | 勝数 | 勝率 | 勝差 | 補集合試合(除引分け) | 補集合勝数 | 補集合勝率 | 補集合勝率順位 |
|---|---|---|---|---|---|---|---|---|---|
| 1 | ｿﾌﾄﾊﾞﾝｸ | 118 | 78 | 0.661 | − | 563 | 265 | 0.4707 | ① |
| 2 | 楽天 | 109 | 64 | 0.587 | 9.5 | 572 | 279 | 0.4878 | ② |
| 3 | 西武 | 114 | 66 | 0.579 | 0.5 | 567 | 277 | 0.4885 | ③ |
| 4 | ｵﾘｯｸｽ | 113 | 52 | 0.460 | 13.5 | 568 | 291 | 0.5123 | ④ |
| 5 | 日本ハム | 113 | 44 | 0.389 | 8.0 | 568 | 299 | 0.5264 | ⑤ |
| 6 | ロッテ | 114 | 39 | 0.342 | 5.5 | 567 | 304 | 0.5362 | ⑥ |

# 4．プロ野球の個人記録の順序付けについての評価検討

プロ野球の個人記録の中で、ホームランは本数で盗塁は盗塁数で、また勝利投手は勝利数で比較、順序付けができる。一方、投手部門の防御率と打撃部門の打率は分母となる投球回と打数によって変わってしまうため、比率の値だけでは比較できない。そこで百年以上の年月を使って規定投球回と規定打席を試行錯誤で定めて［日本の一軍では所属チームの試合数を規定投球回に、また（所属チームの試合数）×3.1を規定打席として］第一ステップとして規定値で選抜し、第二ステップで防御率順または打率順に並べて比較や順序付けを行っている。しかし規定値は数学的に決まるわけではなく、二段階選抜法が一つの手法の適用として実施されている。ここでは本書に示す方法で数学的に比較、順序付けを行う方法について述べる。

## 4.1　投手部門防御率への適用

表28は「プロ野球データ Freak」より入手した投手部門個人記録成績（防御率順）の抜粋である。181人の選手が防御率0.00から27.00の順に並んでいるが、投球回は1/3回から180 1/3回である（表29は投球回の順に並び替え後）。

表30は第一ステップとして規定投球回（所属チームの試合数で、本表では143）で選抜してその後第二ステップとして防御率順に並び替えの二段階選抜で、日本プロ野球機構の公表と一致する。第一ステップをクリアした選手は6人で、二段階選抜を適用した場合にはその他の175人には順位が付かない。

表28　プロ野球パ・リーグ投手部門個人記録成績［2019年、「プロ野球データ Freak」より抜粋］

| 順位 | 選手名 | チーム | 防御率 | 試合 | 勝利 | 敗北 | 勝率 | 打者 | 投球回 | 奪三振 | 失点 | 自責点 |
|---|---|---|---|---|---|---|---|---|---|---|---|---|
| 1 | 阿部　和成 | ロッテ | 0.00 | 4 | 0 | 0 | 0.00 | 14 | 4 | 2 | 0 | 0 |
| 1 | 左澤　優 | オリックス | 0.00 | 4 | 0 | 0 | 0.00 | 13 | 3 | 3 | 0 | 0 |
| 1 | 石川　柊太 | ソフトバンク | 0.00 | 2 | 0 | 0 | 0.00 | 11 | 3 | 3 | 0 | 0 |
| 1 | 富山　凌雅 | オリックス | 0.00 | 1 | 0 | 0 | 0.00 | 6 | 2 | 2 | 0 | 0 |
| 1 | 鈴木　遼太郎 | 日本ハム | 0.00 | 1 | 0 | 0 | 0.00 | 9 | 2 | 3 | 0 | 0 |
| 1 | 渡邊　佑樹 | 楽天 | 0.00 | 1 | 0 | 0 | 0.00 | 5 | 1 | 3 | 0 | 0 |
| 1 | 由規 | 楽天 | 0.00 | 1 | 0 | 0 | 0.00 | 3 | 1 | 2 | 0 | 0 |
| 1 | 田中　正義 | ソフトバンク | 0.00 | 1 | 0 | 0 | 0.00 | 5 | 2/3 | 0 | 0 | 0 |
| 1 | 岸田　護 | オリックス | 0.00 | 1 | 0 | 0 | 0.00 | 1 | 1/3 | 1 | 0 | 0 |
| 10 | モイネロ | ソフトバンク | 1.52 | 60 | 3 | 1 | 0.75 | 245 | 59 1/3 | 86 | 13 | 10 |
| 11 | 宮西　尚生 | 日本ハム | 1.71 | 55 | 1 | 2 | 0.33 | 182 | 47 1/3 | 51 | 13 | 9 |
| 12 | 増田　達至 | 西武 | 1.81 | 65 | 4 | 1 | 0.80 | 272 | 69 2/3 | 74 | 15 | 14 |
| : | : | : | : | : | : | : | : | : | : | : | : | : |
| 176 | 岩本　輝 | オリックス | 14.73 | 9 | 0 | 2 | 0.00 | 43 | 7 1/3 | 5 | 12 | 12 |
| 177 | 藤岡　貴裕 | 日本ハム | 15.00 | 2 | 0 | 0 | 0.00 | 17 | 3 | 2 | 5 | 5 |
| 178 | 大石　達也 | 西武 | 15.43 | 2 | 0 | 0 | 0.00 | 11 | 2 1/3 | 5 | 4 | 4 |
| 179 | 中村　勝 | 日本ハム | 27.00 | 1 | 0 | 1 | 0.00 | 14 | 2 | 0 | 6 | 6 |
| 179 | レイピン | ロッテ | 27.00 | 2 | 0 | 0 | 0.00 | 12 | 1 2/3 | 1 | 5 | 5 |
| 181 | 南川　忠亮 | 西武 | - | 1 | 0 | 0 | 0.00 | 3 | 0 | 0 | 1 | 1 |

表31は防御率順の表28に規定投球回による選抜と防御率順の二段階選抜によって決まった順位を追記したものである。二段階選抜によって決まった順位は1位から6位が防御率順では17位、24位、37位、55位、69位、84位と方向は合っているが、実際の順位間では特に決まった法則はない。

表29　表28の投球回の順に並び替え後

| 順位 | 選手名 | チーム | 防御率 | 試合 | 勝利 | 敗北 | 勝率 | 打者 | 投球回 | 奪三振 | 失点 | 自責点 |
|---|---|---|---|---|---|---|---|---|---|---|---|---|
| 1 | 千賀　滉大 | ソフトバンク | 2.79 | 26 | 13 | 8 | 0.619 | 752 | 180 1/3 | 227 | 60 | 56 |
| 2 | 山岡　泰輔 | オリックス | 3.71 | 26 | 13 | 4 | 0.765 | 699 | 170 | 154 | 77 | 70 |
| 3 | 有原　航平 | 日本ハム | 2.46 | 24 | 15 | 8 | 0.652 | 639 | 164 1/3 | 161 | 49 | 45 |
| 4 | 美馬　学 | 楽天 | 4.01 | 25 | 8 | 5 | 0.615 | 600 | 143 2/3 | 112 | 69 | 64 |
| 5 | 山本　由伸 | オリックス | 1.95 | 20 | 8 | 6 | 0.571 | 553 | 143 | 127 | 37 | 31 |
| 5 | 高橋　礼 | ソフトバンク | 3.34 | 23 | 12 | 6 | 0.667 | 584 | 143 | 73 | 56 | 53 |
| 7 | 今井　達也 | 西武 | 4.32 | 23 | 7 | 9 | 0.438 | 596 | 135 1/3 | 105 | 74 | 65 |
| 8 | 二木　康太 | ロッテ | 4.41 | 22 | 7 | 10 | 0.412 | 538 | 128 2/3 | 115 | 68 | 63 |
| 9 | 石橋　良太 | 楽天 | 3.82 | 28 | 8 | 7 | 0.533 | 535 | 127 1/3 | 71 | 60 | 54 |
| 10 | 髙橋　光成 | 西武 | 4.51 | 21 | 10 | 6 | 0.625 | 554 | 123 2/3 | 90 | 77 | 62 |
| 11 | 石川　歩 | ロッテ | 3.64 | 27 | 8 | 5 | 0.615 | 503 | 118 2/3 | 81 | 50 | 48 |
| 12 | 辛島　航 | 楽天 | 4.14 | 27 | 9 | 6 | 0.6 | 518 | 117 1/3 | 84 | 59 | 54 |
| : | : | : | : | : | : | : | : | : | : | : | : | : |
| 176 | 高野　圭佑 | ロッテ | 13.5 | 2 | 0 | 0 | 0 | 8 | 1 1/3 | 0 | 2 | 2 |
| 177 | 渡邊　佑樹 | 楽天 | 0 | 1 | 0 | 0 | 0 | 5 | 1 | 3 | 0 | 0 |
| 177 | 由規 | 楽天 | 0 | 1 | 0 | 0 | 0 | 3 | 1 | 2 | 0 | 0 |
| 179 | 田中　正義 | ソフトバンク | 0 | 1 | 0 | 0 | 0 | 5 | 2/3 | 0 | 0 | 0 |
| 180 | 岸田　護 | オリックス | 0 | 1 | 0 | 0 | 0 | 1 | 1/3 | 1 | 0 | 0 |
| 181 | 南川　忠亮 | 西武 | - | 1 | 0 | 0 | 0 | 3 | 0 | 0 | 1 | 1 |

表30　表28の規定投球回と防御率を二段階選抜見直し後

| 順位 | 選手名 | チーム | 防御率 | 試合 | 勝利 | 敗北 | 勝率 | 打者 | 投球回 | 奪三振 | 失点 | 自責点 |
|---|---|---|---|---|---|---|---|---|---|---|---|---|
| 1 | 山本　由伸 | オリックス | 1.95 | 20 | 8 | 6 | 0.571 | 553 | 143 | 127 | 37 | 31 |
| 2 | 有原　航平 | 日本ハム | 2.46 | 24 | 15 | 8 | 0.652 | 639 | 164 1/3 | 161 | 49 | 45 |
| 3 | 千賀　滉大 | ソフトバンク | 2.79 | 26 | 13 | 8 | 0.619 | 752 | 180 1/3 | 227 | 60 | 56 |
| 4 | 高橋　礼 | ソフトバンク | 3.34 | 23 | 12 | 6 | 0.667 | 584 | 143 | 73 | 56 | 53 |
| 5 | 山岡　泰輔 | オリックス | 3.71 | 26 | 13 | 4 | 0.765 | 699 | 170 | 154 | 77 | 70 |
| 6 | 美馬　学 | 楽天 | 4.01 | 25 | 8 | 5 | 0.615 | 600 | 143 2/3 | 112 | 69 | 64 |

表31　表28に規定投球回と防御率による二段階選抜順位を追記

| 二段階選抜防御率順位 | 防御率順位 | 選手名 | チーム | 防御率 | 試合 | 勝利 | 敗北 | 勝率 | 打者 | 投球回 | 奪三振 | 失点 | 自責点 |
|---|---|---|---|---|---|---|---|---|---|---|---|---|---|
| | 1 | 阿部　和成 | ロッテ | 0 | 4 | 0 | 0 | 0 | 14 | 4 | 2 | 0 | 0 |
| | 1 | 左澤　優 | オリックス | 0 | 4 | 0 | 0 | 0 | 13 | 3 | 3 | 0 | 0 |
| ⋮ | ⋮ | ⋮ | ⋮ | ⋮ | ⋮ | ⋮ | ⋮ | ⋮ | ⋮ | ⋮ | ⋮ | ⋮ | ⋮ |
| | 15 | ブセニッツ | 楽天 | 1.94 | 54 | 4 | 3 | 0.571 | 220 | 51 | 45 | 15 | 11 |
| 1 | 17 | 山本　由伸 | オリックス | 1.95 | 20 | 8 | 6 | 0.571 | 553 | 143 | 127 | 37 | 31 |
| | 18 | 泉　圭輔 | ソフトバンク | 1.96 | 14 | 2 | 0 | 1 | 80 | 18 1/3 | 18 | 5 | 4 |
| ⋮ | ⋮ | ⋮ | ⋮ | ⋮ | ⋮ | ⋮ | ⋮ | ⋮ | ⋮ | ⋮ | ⋮ | ⋮ | ⋮ |
| | 23 | 高梨　雄平 | 楽天 | 2.3 | 48 | 2 | 1 | 0.667 | 146 | 31 1/3 | 41 | 8 | 8 |
| 2 | 24 | 有原　航平 | 日本ハム | 2.46 | 24 | 15 | 8 | 0.652 | 639 | 164 1/3 | 161 | 49 | 45 |
| | 25 | 井口　和朋 | 日本ハム | 2.53 | 32 | 1 | 0 | 1 | 131 | 32 | 19 | 9 | 9 |
| ⋮ | ⋮ | ⋮ | ⋮ | ⋮ | ⋮ | ⋮ | ⋮ | ⋮ | ⋮ | ⋮ | ⋮ | ⋮ | ⋮ |
| | 36 | 則本　昂大 | 楽天 | 2.78 | 12 | 5 | 5 | 0.5 | 269 | 68 | 67 | 27 | 21 |
| 3 | 37 | 千賀　滉大 | ソフトバンク | 2.79 | 26 | 13 | 8 | 0.619 | 752 | 180 1/3 | 227 | 60 | 56 |
| | 38 | 久保　裕也 | 楽天 | 2.82 | 22 | 2 | 1 | 0.667 | 94 | 22 1/3 | 14 | 7 | 7 |
| ⋮ | ⋮ | ⋮ | ⋮ | ⋮ | ⋮ | ⋮ | ⋮ | ⋮ | ⋮ | ⋮ | ⋮ | ⋮ | ⋮ |
| | 54 | 石川　直也 | 日本ハム | 3.31 | 60 | 3 | 2 | 0.6 | 220 | 54 1/3 | 75 | 20 | 20 |
| 4 | 55 | 高橋　礼 | ソフトバンク | 3.34 | 23 | 12 | 6 | 0.667 | 584 | 143 | 73 | 56 | 53 |
| | 56 | 平良　海馬 | 西武 | 3.38 | 26 | 2 | 1 | 0.667 | 111 | 24 | 23 | 13 | 9 |
| ⋮ | ⋮ | ⋮ | ⋮ | ⋮ | ⋮ | ⋮ | ⋮ | ⋮ | ⋮ | ⋮ | ⋮ | ⋮ | ⋮ |
| | 68 | 國場　翼 | 西武 | 3.68 | 15 | 1 | 0 | 1 | 62 | 14 2/3 | 2 | 6 | 6 |
| 5 | 69 | 山岡　泰輔 | オリックス | 3.71 | 26 | 13 | 4 | 0.765 | 699 | 170 | 154 | 77 | 70 |
| | 70 | ヒース | 西武 | 3.73 | 34 | 2 | 3 | 0.4 | 135 | 31 1/3 | 34 | 15 | 13 |
| ⋮ | ⋮ | ⋮ | ⋮ | ⋮ | ⋮ | ⋮ | ⋮ | ⋮ | ⋮ | ⋮ | ⋮ | ⋮ | ⋮ |
| | 83 | 松本　裕樹 | ソフトバンク | 4.01 | 7 | 1 | 1 | 0.5 | 146 | 33 2/3 | 32 | 18 | 15 |
| 6 | 84 | 美馬　学 | 楽天 | 4.01 | 25 | 8 | 5 | 0.615 | 600 | 143 2/3 | 112 | 69 | 64 |
| | 85 | エップラー | オリックス | 4.02 | 24 | 4 | 4 | 0.5 | 137 | 31 1/3 | 25 | 16 | 14 |

表32は自責点合計から補集合自責点を、投球回合計から補集合投球回を算出し、補集合自責点について補集合投球回を９で割って算出した補集合投球試合数で割って補集合防御率を算出して、防御率と補集合防御率は大小関係が逆転するので、補集合防御率の値が大きい方から並べ直して順序付けを行った結果である。追記した二段階選抜防御率順位と比べると１位から３位は同じで、補集合防御率順位の４位から15位は二段階選抜の規定投球回で選抜不適となったために省かれ、16位が二段階選抜に適合して残り４位となり以下同様にして39位の山岡投手が５位に105位の美馬投手が６位となったものである。

表32　表28の補集合防御率による順位見直し後

| 補集合防御率順位 | 選手名 | チーム | 補集合防御率 | 補集合投球回 | 補集合自責点 | 二段階選抜防御率順位 | 防御率順位 | 防御率 | 試合 | 勝利 | 敗北 | 勝率 | 打者 | 投球回 | 奪三振 | 失点 | 自責点 |
|---|---|---|---|---|---|---|---|---|---|---|---|---|---|---|---|---|---|
| 1 | 山本　由伸 | ｵﾘｯｸｽ | 3.946 | 7530 2/3 | 3302 | 1 | 17 | 1.95 | 20 | 8 | 6 | 0.571 | 553 | 143 | 127 | 37 | 31 |
| 2 | 有原　航平 | 日本ハム | 3.941 | 7509 1/3 | 3288 | 2 | 24 | 2.46 | 24 | 15 | 8 | 0.652 | 639 | 164 1/3 | 161 | 49 | 45 |
| 3 | 千賀　滉大 | ｿﾌﾄﾊﾞﾝｸ | 3.936 | 7493 1/3 | 3277 | 3 | 37 | 2.79 | 26 | 13 | 8 | 0.619 | 752 | 180 1/3 | 227 | 60 | 56 |
| 4 | 増田　達至 | 西武 | 3.928 | 7604 | 3319 | – | 12 | 1.81 | 65 | 4 | 1 | 0.800 | 272 | 69 2/3 | 74 | 15 | 14 |
| 5 | モイネロ | ｿﾌﾄﾊﾞﾝｸ | 3.928 | 7614 1/3 | 3323 | – | 10 | 1.52 | 60 | 3 | 1 | 0.750 | 245 | 59 1/3 | 86 | 13 | 10 |
| 6 | 松井　裕樹 | 楽天 | 3.927 | 7604 | 3318 | – | 16 | 1.94 | 68 | 2 | 8 | 0.200 | 271 | 69 2/3 | 107 | 17 | 15 |
| ⋮ | ⋮ | ⋮ | ⋮ | ⋮ | ⋮ | ⋮ | ⋮ | ⋮ | ⋮ | ⋮ | ⋮ | ⋮ | ⋮ | ⋮ | ⋮ | ⋮ | ⋮ |
| 15 | 森　唯斗 | ｿﾌﾄﾊﾞﾝｸ | 3.921 | 7620 2/3 | 3320 | – | 22 | 2.21 | 54 | 2 | 3 | 0.400 | 213 | 53 | 59 | 13 | 13 |
| 16 | 高橋　礼 | ｿﾌﾄﾊﾞﾝｸ | 3.920 | 7530 2/3 | 3280 | 4 | 55 | 3.34 | 23 | 12 | 6 | 0.667 | 584 | 143 | 73 | 56 | 53 |
| 17 | 玉井　大翔 | 日本ハム | 3.920 | 7611 2/3 | 3315 | – | 30 | 2.61 | 65 | 2 | 3 | 0.400 | 256 | 62 | 34 | 22 | 18 |
| ⋮ | ⋮ | ⋮ | ⋮ | ⋮ | ⋮ | ⋮ | ⋮ | ⋮ | ⋮ | ⋮ | ⋮ | ⋮ | ⋮ | ⋮ | ⋮ | ⋮ | ⋮ |
| 38 | 泉　圭輔 | ｿﾌﾄﾊﾞﾝｸ | 3.914 | 7655 1/3 | 3329 | – | 18 | 1.96 | 14 | 2 | 0 | 1.000 | 80 | 18 1/3 | 18 | 5 | 4 |
| 39 | 山岡　泰輔 | ｵﾘｯｸｽ | 3.914 | 7503 2/3 | 3263 | 5 | 69 | 3.71 | 26 | 13 | 4 | 0.765 | 699 | 170 | 154 | 77 | 70 |
| 40 | 平井　克典 | 西武 | 3.914 | 7591 1/3 | 3301 | – | 59 | 3.5 | 81 | 5 | 4 | 0.556 | 354 | 82 1/3 | 66 | 33 | 32 |
| ⋮ | ⋮ | ⋮ | ⋮ | ⋮ | ⋮ | ⋮ | ⋮ | ⋮ | ⋮ | ⋮ | ⋮ | ⋮ | ⋮ | ⋮ | ⋮ | ⋮ | ⋮ |
| 104 | 甲斐野　央 | ｿﾌﾄﾊﾞﾝｸ | 3.907 | 7615 | 3306 | – | 88 | 4.14 | 65 | 2 | 5 | 0.286 | 253 | 58 2/3 | 73 | 28 | 27 |
| 105 | 美馬　学 | 楽天 | 3.907 | 7530 | 3269 | 6 | 84 | 4.01 | 25 | 8 | 5 | 0.615 | 600 | 143 2/3 | 112 | 69 | 64 |
| 106 | 寺岡　寛治 | 楽天 | 3.907 | 7670 2/3 | 3330 | – | 163 | 9 | 1 | 0 | 0 | 0.000 | 15 | 3 | 2 | 3 | 3 |
| ⋮ | ⋮ | ⋮ | ⋮ | ⋮ | ⋮ | ⋮ | ⋮ | ⋮ | ⋮ | ⋮ | ⋮ | ⋮ | ⋮ | ⋮ | ⋮ | ⋮ | ⋮ |
| 178 | 古川　侑利 | 楽天 | 3.897 | 7635 1/3 | 3306 | – | 146 | 6.34 | 8 | 1 | 2 | 0.333 | 170 | 38 1/3 | 31 | 27 | 27 |
| 179 | アルバース | ｵﾘｯｸｽ | 3.893 | 7610 1/3 | 3292 | – | 134 | 5.83 | 13 | 2 | 6 | 0.250 | 278 | 63 1/3 | 45 | 44 | 41 |
| 180 | 多和田真三郎 | 西武 | 3.892 | 7607 1/3 | 3290 | – | 135 | 5.83 | 12 | 1 | 6 | 0.143 | 306 | 66 1/3 | 37 | 47 | 43 |
| 181 | 榎田　大樹 | 西武 | 3.885 | 7604 2/3 | 3283 | – | 148 | 6.52 | 13 | 4 | 3 | 0.571 | 319 | 69 | 33 | 54 | 50 |

表33　表32に対して投球回を考慮した防御率順位見直し後

| 投球回を考慮した防御率順位 | 選手名 | チーム | 二段階選抜防御率順位 | 防御率順位 | 防御率 | 試合 | 勝利 | 敗北 | 勝率 | 打者 | 投球回 | 奪三振 | 失点 | 自責点 | 補集合防御率 | 補集合投球回 | 補集合自責点 |
|---|---|---|---|---|---|---|---|---|---|---|---|---|---|---|---|---|---|
| 1 | 山本　由伸 | ｵﾘｯｸｽ | 1 | 17 | 1.95 | 20 | 8 | 6 | 0.571 | 553 | 143 | 127 | 37 | 31 | 3.946 | 7530 2/3 | 3302 |
| 2 | 有原　航平 | 日本ハム | 2 | 24 | 2.46 | 24 | 15 | 8 | 0.652 | 639 | 164 1/3 | 161 | 49 | 45 | 3.941 | 7509 1/3 | 3288 |
| 3 | 千賀　滉大 | ｿﾌﾄﾊﾞﾝｸ | 3 | 37 | 2.79 | 26 | 13 | 8 | 0.619 | 752 | 180 1/3 | 227 | 60 | 56 | 3.936 | 7493 1/3 | 3277 |
| 4 | 増田　達至 | 西武 | – | 12 | 1.81 | 65 | 4 | 1 | 0.800 | 272 | 69 2/3 | 74 | 15 | 14 | 3.928 | 7604 | 3319 |
| 5 | モイネロ | ｿﾌﾄﾊﾞﾝｸ | – | 10 | 1.52 | 60 | 3 | 1 | 0.750 | 245 | 59 1/3 | 86 | 13 | 10 | 3.928 | 7614 1/3 | 3323 |
| 6 | 松井　裕樹 | 楽天 | – | 16 | 1.94 | 68 | 2 | 8 | 0.200 | 271 | 69 2/3 | 107 | 17 | 15 | 3.927 | 7604 | 3318 |
| ⋮ | ⋮ | ⋮ | ⋮ | ⋮ | ⋮ | ⋮ | ⋮ | ⋮ | ⋮ | ⋮ | ⋮ | ⋮ | ⋮ | ⋮ | ⋮ | ⋮ | ⋮ |
| 15 | 森　唯斗 | ｿﾌﾄﾊﾞﾝｸ | – | 22 | 2.21 | 54 | 2 | 3 | 0.400 | 213 | 53 | 59 | 13 | 13 | 3.921 | 7620 2/3 | 3320 |
| 16 | 高橋　礼 | ｿﾌﾄﾊﾞﾝｸ | 4 | 55 | 3.34 | 23 | 12 | 6 | 0.667 | 584 | 143 | 73 | 56 | 53 | 3.920 | 7530 2/3 | 3280 |
| 17 | 玉井　大翔 | 日本ハム | – | 30 | 2.61 | 65 | 2 | 3 | 0.400 | 256 | 62 | 34 | 22 | 18 | 3.920 | 7611 2/3 | 3315 |
| ⋮ | ⋮ | ⋮ | ⋮ | ⋮ | ⋮ | ⋮ | ⋮ | ⋮ | ⋮ | ⋮ | ⋮ | ⋮ | ⋮ | ⋮ | ⋮ | ⋮ | ⋮ |
| 38 | 泉　圭輔 | ｿﾌﾄﾊﾞﾝｸ | – | 18 | 1.96 | 14 | 2 | 0 | 1.000 | 80 | 18 1/3 | 18 | 5 | 4 | 3.914 | 7655 1/3 | 3329 |
| 39 | 山岡　泰輔 | ｵﾘｯｸｽ | 5 | 69 | 3.71 | 26 | 13 | 4 | 0.765 | 699 | 170 | 154 | 77 | 70 | 3.914 | 7503 2/3 | 3263 |
| 40 | 平井　克典 | 西武 | – | 59 | 3.5 | 81 | 5 | 4 | 0.556 | 354 | 82 1/3 | 66 | 33 | 32 | 3.914 | 7591 1/3 | 3301 |
| ⋮ | ⋮ | ⋮ | ⋮ | ⋮ | ⋮ | ⋮ | ⋮ | ⋮ | ⋮ | ⋮ | ⋮ | ⋮ | ⋮ | ⋮ | ⋮ | ⋮ | ⋮ |
| 104 | 甲斐野　央 | ｿﾌﾄﾊﾞﾝｸ | – | 88 | 4.14 | 65 | 2 | 5 | 0.286 | 253 | 58 2/3 | 73 | 28 | 27 | 3.907 | 7615 | 3306 |
| 105 | 美馬　学 | 楽天 | 6 | 84 | 4.01 | 25 | 8 | 5 | 0.615 | 600 | 143 2/3 | 112 | 69 | 64 | 3.907 | 7530 | 3269 |
| 106 | 寺岡　寛治 | 楽天 | – | 163 | 9 | 1 | 0 | 0 | 0.000 | 15 | 3 | 2 | 3 | 3 | 3.907 | 7670 2/3 | 3330 |
| ⋮ | ⋮ | ⋮ | ⋮ | ⋮ | ⋮ | ⋮ | ⋮ | ⋮ | ⋮ | ⋮ | ⋮ | ⋮ | ⋮ | ⋮ | ⋮ | ⋮ | ⋮ |
| 178 | 古川　侑利 | 楽天 | – | 146 | 6.34 | 8 | 1 | 2 | 0.333 | 170 | 38 1/3 | 31 | 27 | 27 | 3.897 | 7635 1/3 | 3306 |
| 179 | アルバース | ｵﾘｯｸｽ | – | 134 | 5.83 | 13 | 2 | 6 | 0.250 | 278 | 63 1/3 | 45 | 44 | 41 | 3.893 | 7610 1/3 | 3292 |
| 180 | 多和田真三郎 | 西武 | – | 135 | 5.83 | 12 | 1 | 6 | 0.143 | 306 | 66 1/3 | 37 | 47 | 43 | 3.892 | 7607 1/3 | 3290 |
| 181 | 榎田　大樹 | 西武 | – | 148 | 6.52 | 13 | 4 | 3 | 0.571 | 319 | 69 | 33 | 54 | 50 | 3.885 | 7604 2/3 | 3283 |

表33で大小は逆転するが補集合防御率は防御率と一次式で表されることから、補集合の防御率を防御率に置き換えて同時に補集合の自責点と自責点、補集合の投球回と投球回も置き換える、そして補集合防御率順位に対して投球回を考慮した防御率順位と称する（表34に再掲、規定投球回以上の投手を明示）。図85は投球回合計に対する個々の選手の投球回の構成比を横軸にとり、補集合防御率を縦軸にとった散布図を示

す。構成比が大きく補集合防御率の大きい６人が二段階選抜と補集合防御率順位（投球回を考慮した防御率順位）が上位となり、構成比の非常に小さい選手は補集合防御率が総平均に近づいているのが分かる。

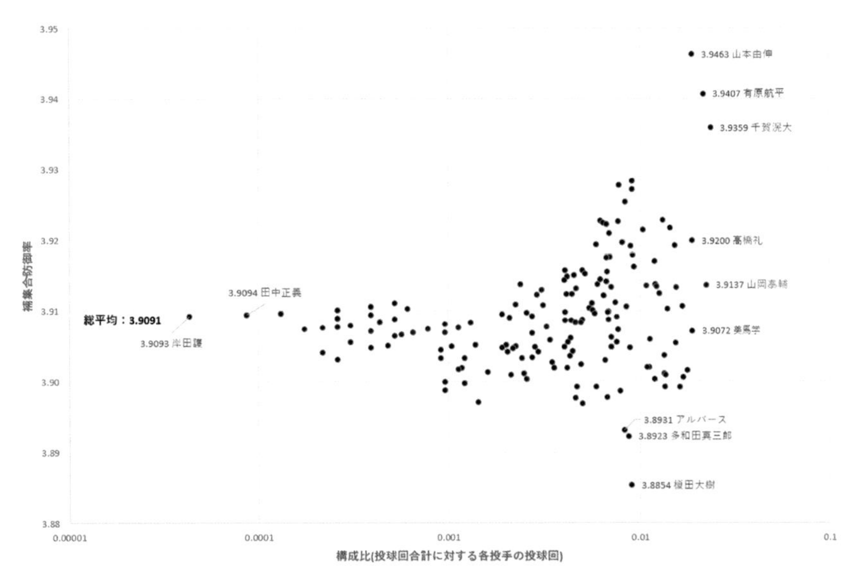


図85　投球回合計に対する各投手の投球回の構成比と補集合防御率の関係

表34　表33に対して規定投球回以上の投手を明示［順位を灰色表示］

| 順位 | 選手名 | チーム | 防御率 | 試合 | 勝利 | 敗北 | 勝率 | 打者 | 投球回 | 失点 | 自責点 | 防御率補集合 | 投球回補集合 | 自責点補集合 |
|---|---|---|---|---|---|---|---|---|---|---|---|---|---|---|
| 1 | 山本　由伸 | オリックス | 1.95 | 20 | 8 | 6 | 0.571 | 553 | 143 | 37 | 31 | 3.94626 | 7530 2/3 | 3302 |
| 2 | 有原　航平 | 日本ハム | 2.46 | 24 | 15 | 8 | 0.652 | 639 | 164 1/3 | 49 | 45 | 3.94070 | 7509 1/3 | 3288 |
| 3 | 千賀　滉大 | ソフトバンク | 2.79 | 26 | 13 | 8 | 0.619 | 752 | 180 1/3 | 60 | 56 | 3.93590 | 7493 1/3 | 3277 |
| 4 | 増田　達至 | 西武 | 1.81 | 65 | 4 | 1 | 0.800 | 272 | 69 2/3 | 15 | 14 | 3.92833 | 7604 | 3319 |
| 5 | モイネロ | ソフトバンク | 1.52 | 60 | 3 | 1 | 0.750 | 245 | 59 1/3 | 13 | 10 | 3.92772 | 7614 1/3 | 3323 |
| 6 | 松井　裕樹 | 楽天 | 1.94 | 68 | 2 | 8 | 0.200 | 271 | 69 2/3 | 17 | 15 | 3.92714 | 7604 | 3318 |
| 7 | 森原　康平 | 楽天 | 1.97 | 64 | 4 | 2 | 0.667 | 255 | 64 | 15 | 14 | 3.92540 | 7609 2/3 | 3319 |
| 8 | ニール | 西武 | 2.87 | 17 | 12 | 1 | 0.923 | 410 | 100 1/3 | 38 | 32 | 3.92284 | 7573 1/3 | 3301 |
| 9 | 宮西　尚生 | 日本ハム | 1.71 | 55 | 1 | 2 | 0.333 | 182 | 47 1/3 | 13 | 9 | 3.92272 | 7626 1/3 | 3324 |
| 10 | 益田　直也 | ロッテ | 2.15 | 60 | 4 | 5 | 0.444 | 229 | 58 2/3 | 15 | 14 | 3.92265 | 7615 | 3319 |
| ⋮ | ⋮ | ⋮ | ⋮ | ⋮ | ⋮ | ⋮ | ⋮ | ⋮ | ⋮ | ⋮ | ⋮ | ⋮ | ⋮ | ⋮ |
| 16 | 高橋　礼 | ソフトバンク | 3.34 | 23 | 12 | 6 | 0.667 | 584 | 143 | 56 | 53 | 3.91997 | 7530 2/3 | 3280 |
| ⋮ | ⋮ | ⋮ | ⋮ | ⋮ | ⋮ | ⋮ | ⋮ | ⋮ | ⋮ | ⋮ | ⋮ | ⋮ | ⋮ | ⋮ |
| 39 | 山岡　泰輔 | オリックス | 3.71 | 26 | 13 | 4 | 0.765 | 699 | 170 | 77 | 70 | 3.91369 | 7503 2/3 | 3263 |
| ⋮ | ⋮ | ⋮ | ⋮ | ⋮ | ⋮ | ⋮ | ⋮ | ⋮ | ⋮ | ⋮ | ⋮ | ⋮ | ⋮ | ⋮ |
| 105 | 美馬　学 | 楽天 | 4.01 | 25 | 8 | 5 | 0.615 | 600 | 143 2/3 | 69 | 64 | 3.90717 | 7530 | 3269 |
| ⋮ | ⋮ | ⋮ | ⋮ | ⋮ | ⋮ | ⋮ | ⋮ | ⋮ | ⋮ | ⋮ | ⋮ | ⋮ | ⋮ | ⋮ |
| 177 | 吉田　輝星 | 日本ハム | 12.27 | 4 | 1 | 3 | 0.250 | 59 | 11 | 15 | 15 | 3.89708 | 7662 2/3 | 3318 |
| 178 | 古川　侑利 | 楽天 | 6.34 | 8 | 1 | 2 | 0.333 | 170 | 38 1/3 | 27 | 27 | 3.89688 | 7635 1/3 | 3306 |
| 179 | アルバース | オリックス | 5.83 | 13 | 2 | 6 | 0.250 | 278 | 63 1/3 | 44 | 41 | 3.89313 | 7610 1/3 | 3292 |
| 180 | 多和田真三郎 | 西武 | 5.83 | 12 | 1 | 6 | 0.143 | 306 | 66 1/3 | 47 | 43 | 3.89230 | 7607 1/3 | 3290 |
| 181 | 榎田　大樹 | 西武 | 6.52 | 13 | 4 | 3 | 0.571 | 319 | 69 | 54 | 50 | 3.88538 | 7604 2/3 | 3283 |

表35には今まで述べてきた日本プロ野球機構の公表順位（二段階選抜法適用）と、投球回を考慮した防御率順位（数学的な順位）と防御率順をまとめたものである。図86は投球回合計に対する各選手の投球回の比率を横軸に防御率を縦軸にとった散布図である。構成比が0.0186（＝基準投球回 / 投球回合計）より大きい範囲で防御率が小さい順に6位までが現れている。

図87は日本のプロ野球のセ・パ両リーグの投手数と規定投球回以上の投手数とそれらの比率の推移を示している。2010年頃には10％前後で減少傾向にあったが2019年には４％になってしまい、投手数は一桁になってしまった。規定投球回以下の投手にも比較（評価）や順序付けが必要と思われる。

表35　日本プロ野球機構発表順位と投球回を考慮した防御率順位と防御率順位の比較

| 日本プロ野球機構発表順位 [規定投球回による防御率順位] | 投球回を考慮した防御率順位 | 防御率順位 | 選手名 | チーム | 試合 | 勝利 | 敗北 | 勝率 | 投球回 | 自責点 | 防御率 |
|---|---|---|---|---|---|---|---|---|---|---|---|
| 1 | 1 | 17 | 山本　由伸 | オリックス | 20 | 8 | 6 | 0.571 | 143 | 31 | 1.95 |
| 2 | 2 | 24 | 有原　航平 | 日本ハム | 24 | 15 | 8 | 0.652 | 164 1/3 | 45 | 2.46 |
| 3 | 3 | 37 | 千賀　滉大 | ソフトバンク | 26 | 13 | 8 | 0.619 | 180 1/3 | 56 | 2.79 |
|  | 4 | 12 | 増田　達至 | 西武 | 65 | 4 | 1 | 0.800 | 69 2/3 | 14 | 1.81 |
|  | 5 | 10 | モイネロ | ソフトバンク | 60 | 3 | 1 | 0.750 | 59 1/3 | 10 | 1.52 |
|  | 6 | 15 | 松井　裕樹 | 楽天 | 68 | 2 | 8 | 0.200 | 69 2/3 | 15 | 1.94 |
|  | 7 | 19 | 森原　康平 | 楽天 | 64 | 4 | 2 | 0.667 | 64 | 14 | 1.97 |
|  | 8 | 39 | ニール | 西武 | 17 | 12 | 1 | 0.923 | 100 1/3 | 32 | 2.87 |
|  | 9 | 11 | 宮西　尚生 | 日本ハム | 55 | 1 | 2 | 0.333 | 47 1/3 | 9 | 1.71 |
|  | 10 | 20 | 益田　直也 | ロッテ | 60 | 4 | 5 | 0.444 | 58 2/3 | 14 | 2.15 |
| ⋮ | ⋮ | ⋮ | ⋮ | ⋮ | ⋮ | ⋮ | ⋮ | ⋮ | ⋮ | ⋮ | ⋮ |
| 4 | 16 | 55 | 高橋　礼 | ソフトバンク | 23 | 12 | 6 | 0.667 | 143 | 53 | 3.34 |
| ⋮ | ⋮ | ⋮ | ⋮ | ⋮ | ⋮ | ⋮ | ⋮ | ⋮ | ⋮ | ⋮ | ⋮ |
| 5 | 39 | 69 | 山岡　泰輔 | オリックス | 26 | 13 | 4 | 0.765 | 170 | 70 | 3.71 |
| ⋮ | ⋮ | ⋮ | ⋮ | ⋮ | ⋮ | ⋮ | ⋮ | ⋮ | ⋮ | ⋮ | ⋮ |
| 6 | 105 | 84 | 美馬　学 | 楽天 | 25 | 8 | 5 | 0.615 | 143 2/3 | 64 | 4.01 |
| ⋮ | ⋮ | ⋮ | ⋮ | ⋮ | ⋮ | ⋮ | ⋮ | ⋮ | ⋮ | ⋮ | ⋮ |
|  | 177 | 173 | 吉田　輝星 | 日本ハム | 4 | 1 | 3 | 0.250 | 11 | 15 | 12.27 |
|  | 178 | 146 | 古川　侑利 | 楽天 | 8 | 1 | 2 | 0.333 | 38 1/3 | 27 | 6.34 |
|  | 179 | 134 | アルバース | オリックス | 13 | 2 | 6 | 0.250 | 63 1/3 | 41 | 5.83 |
|  | 180 | 135 | 多和田真三郎 | 西武 | 12 | 1 | 6 | 0.143 | 66 1/3 | 43 | 5.83 |
|  | 181 | 148 | 榎田　大樹 | 西武 | 13 | 4 | 3 | 0.571 | 69 | 50 | 6.52 |

規定投球回：143　　平均防御率(総平均)：3.909

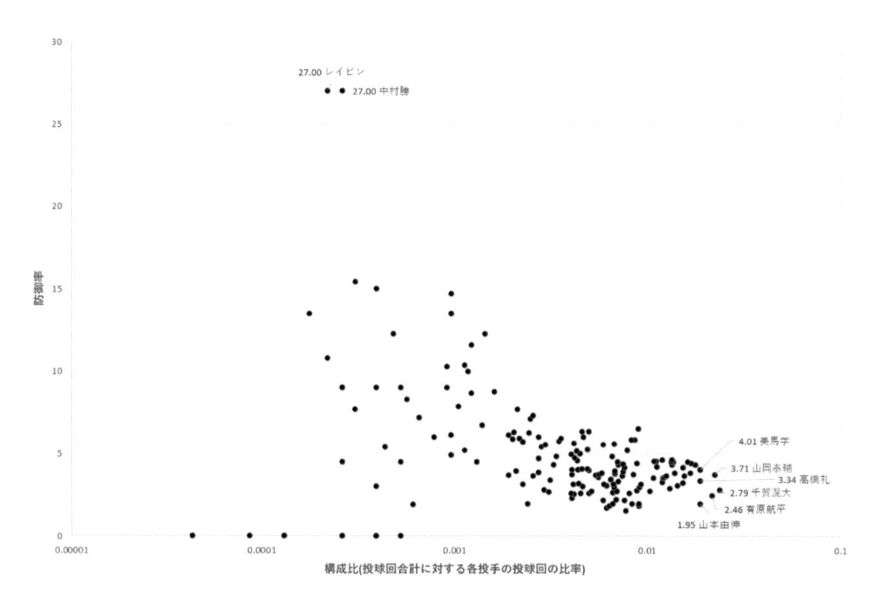


図86　投球回合計に対する各投手の投球回の比率と防御率の関係

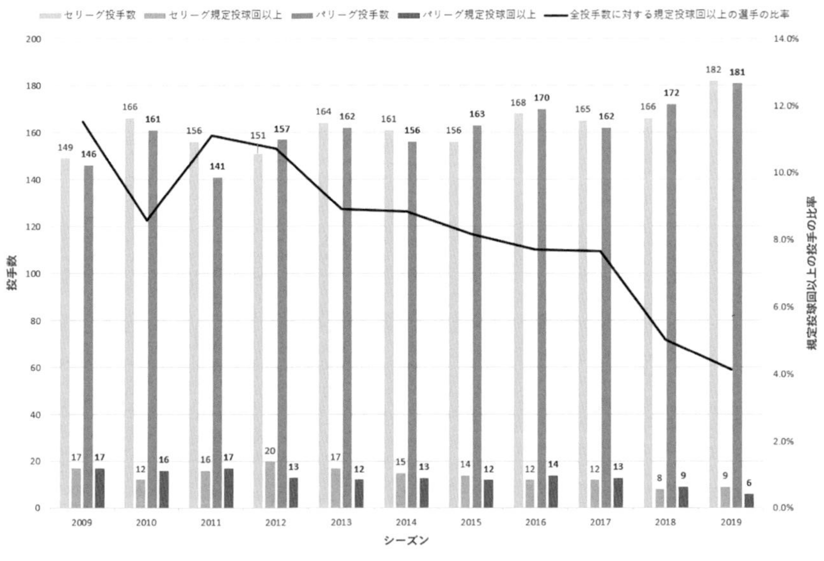


図87　プロ野球投手の規定投球回以上の投手とその比率の推移

## 4.2　打撃部門打率への適用

表36は日本プロ野球機構から公表された打撃部門個人成績で、規定打席以上の30人が打率順に表示されているが、表37に示されるように全打者は166人が在籍しており、上位30人以外の選手は打撃成績（打率関連）の順位が付かない。そこで、先の投手部門と同様に本書で紹介した方法を用いて全員に数学的な順序付けを行ってみる。

表38は表37のデータを打率順に並び替えたものである。同表において１位と２位は打率10割であるが、１打数１安打の結果であり、３位以下の選手から見ると何とも承服しがたい。そこで、表37の打席数で規定数である443（143 × 3.1 = 443.3）で選抜してその後打率順に並び替えた、二段階選抜法による順序付けの結果と、表37の打数合計と安打合計から各選手の補集合打数と補集合安打数を算出し、その後補集合打率を求めてその結果から数値の大小関係が逆になることに注意して補

集合打率による並び替えをした結果を並記して表39に示す。補集合打率順位と二段階選抜打率順位を見比べると１位、２位は同じであるが、糸井選手が補集合打率順位で５位となっている。これは大島・坂本選手と打率が２厘差と僅差であるが糸井選手は444と打席数が他の２選手に比べて少ないため打数が170程度小さくなっており、先の典型的な数値例で述べたように、総平均より大きいか小さい時には補集合打率の比較において分母となる打数が大きい方がより大きくなるので他の２人が３位、４位と上位になっている。補集合打率順位９位の高橋周平選手や21位の曽澤選手、29位の中村選手、36位の梅野選手、161位の大和選手も同じ理由で近隣の選手と順序が入れ替わっているが、この順位が数学的なものになっていることをご理解いただきたい。なお、打数の極端に少ない選手が総平均に近い順位となる傾向があるので、その結果に承諾できない場合には、順序決定後基準を決めて処置を行えばよいと思う。

表36　プロ野球セ・リーグ打撃部門個人成績（2019年）

2019年度 セントラル・リーグ　　個人打撃成績（規定打席以上）

規定打席 ：チーム試合数×3.1 （端数は四捨五入）　日本プロ野球機構データ（抜粋）

| 順位 | 選手 | | 打率 | 試合 | 打席 | 打数 | 得点 | 安打 | 二塁打 | 三塁打 | 本塁打 | 塁打 | 打点 |
|---|---|---|---|---|---|---|---|---|---|---|---|---|---|
| 1 | 鈴木　誠也 | (広) | 0.335 | 140 | 612 | 499 | 112 | 167 | 31 | 0 | 28 | 282 | 87 |
| 2 | ビシエド | (中) | 0.315 | 143 | 594 | 534 | 56 | 168 | 43 | 0 | 18 | 265 | 93 |
| 3 | 糸井　嘉男 | (神) | 0.314 | 103 | 444 | 382 | 45 | 120 | 22 | 1 | 5 | 159 | 42 |
| 4 | 大島　洋平 | (中) | 0.312 | 143 | 623 | 558 | 89 | 174 | 23 | 3 | 3 | 212 | 45 |
| 5 | 坂本　勇人 | (巨) | 0.312 | 143 | 639 | 555 | 103 | 173 | 26 | 0 | 40 | 319 | 94 |
| 6 | 西川　龍馬 | (広) | 0.297 | 138 | 585 | 535 | 70 | 159 | 23 | 3 | 16 | 236 | 64 |
| 7 | 青木　宣親 | (ヤ) | 0.297 | 134 | 565 | 489 | 84 | 145 | 19 | 2 | 16 | 216 | 58 |
| 8 | 高橋　周平 | (中) | 0.293 | 117 | 471 | 430 | 50 | 126 | 28 | 5 | 7 | 185 | 59 |
| 9 | 丸　佳浩 | (巨) | 0.292 | 143 | 631 | 535 | 82 | 156 | 26 | 1 | 27 | 265 | 89 |
| 10 | 阿部　寿樹 | (中) | 0.291 | 129 | 484 | 447 | 51 | 130 | 24 | 3 | 7 | 181 | 59 |
| ： | ： | ： | ： | ： | ： | ： | ： | ： | ： | ： | ： | ： | ： |
| 26 | 大山　悠輔 | (神) | 0.258 | 143 | 587 | 538 | 52 | 139 | 33 | 1 | 14 | 216 | 76 |
| 27 | 京田　陽太 | (中) | 0.249 | 140 | 574 | 507 | 46 | 126 | 14 | 5 | 3 | 159 | 40 |
| 28 | ロペス | (デ) | 0.241 | 142 | 597 | 551 | 69 | 133 | 28 | 0 | 31 | 254 | 84 |
| 29 | 大和 | (デ) | 0.237 | 137 | 490 | 438 | 42 | 104 | 17 | 2 | 0 | 125 | 37 |
| 30 | 村上　宗隆 | (ヤ) | 0.231 | 143 | 593 | 511 | 76 | 118 | 20 | 0 | 36 | 246 | 96 |

## 表37　プロ野球セ・リーグ全打者（2019年）

セ・リーグ全打者　　　　元データはプロ野球データFreakより抜粋

| 50音順 | 選手名 | チーム | 打率 | 試合数 | 打席数 | 打数 | 安打数 | 本塁打 | 打点 | 盗塁 | 四球 | 死球 | 三振 |
|---|---|---|---|---|---|---|---|---|---|---|---|---|---|
| 1 | 會澤　翼 | 広島 | 0.277 | 126 | 447 | 376 | 104 | 12 | 63 | 2 | 58 | 10 | 81 |
| 2 | 青木　宣親 | ヤクルト | 0.297 | 134 | 565 | 489 | 145 | 16 | 58 | 1 | 61 | 11 | 72 |
| 3 | 赤松　真人 | 広島 | 0.000 | 1 | 0 | 0 | 0 | 0 | 0 | 0 | 0 | 0 | 0 |
| 4 | 阿部　慎之助 | 巨人 | 0.297 | 95 | 192 | 158 | 47 | 7 | 27 | 0 | 28 | 4 | 23 |
| 5 | 阿部　寿樹 | 中日 | 0.291 | 129 | 484 | 447 | 130 | 7 | 59 | 1 | 31 | 1 | 82 |
| 6 | 安部　友裕 | 広島 | 0.254 | 114 | 295 | 264 | 67 | 8 | 28 | 5 | 23 | 1 | 60 |
| 7 | 荒木　郁也 | 阪神 | 0.111 | 9 | 9 | 9 | 1 | 0 | 0 | 0 | 0 | 0 | 4 |
| 8 | 荒木　貴裕 | ヤクルト | 0.250 | 93 | 140 | 124 | 31 | 2 | 22 | 1 | 13 | 2 | 29 |
| 9 | アルモンテ | 中日 | 0.329 | 49 | 174 | 164 | 54 | 7 | 25 | 0 | 8 | 1 | 37 |
| 10 | 石垣　雅海 | 中日 | 0.133 | 15 | 15 | 15 | 2 | 0 | 1 | 0 | 0 | 0 | 7 |
| ⋮ | ⋮ | ⋮ | ⋮ | ⋮ | ⋮ | ⋮ | ⋮ | ⋮ | ⋮ | ⋮ | ⋮ | ⋮ | ⋮ |
| 162 | 山本　泰寛 | 巨人 | 0.232 | 92 | 212 | 177 | 41 | 2 | 10 | 2 | 22 | 7 | 51 |
| 163 | ロペス | DeNA | 0.241 | 142 | 597 | 551 | 133 | 31 | 84 | 0 | 39 | 4 | 107 |
| 164 | 若林　晃弘 | 巨人 | 0.239 | 77 | 273 | 234 | 56 | 5 | 21 | 11 | 32 | 2 | 51 |
| 165 | 渡辺　勝 | 中日 | 0.148 | 27 | 29 | 27 | 4 | 0 | 2 | 1 | 1 | 0 | 11 |
| 166 | 渡邉　大樹 | ヤクルト | 0.143 | 16 | 9 | 7 | 1 | 1 | 1 | 1 | 0 | 1 | 2 |

## 表38　表37のデータを打率順に並び替えた後

セ・リーグ打率ランキング　　　元データはプロ野球データFreakより抜粋

| 順位 | 選手名 | チーム | 打率 | 試合数 | 打席数 | 打数 | 安打数 | 本塁打 | 打点 |
|---|---|---|---|---|---|---|---|---|---|
| 1 | 長坂　拳弥 | 阪神 | 1.000 | 3 | 1 | 1 | 1 | 1 | 1 |
| 1 | 畠山　和洋 | ヤクルト | 1.000 | 1 | 1 | 1 | 1 | 0 | 0 |
| 3 | 吉川　尚輝 | 巨人 | 0.390 | 11 | 46 | 41 | 16 | 0 | 3 |
| 4 | 鈴木　誠也 | 広島 | 0.335 | 140 | 612 | 499 | 167 | 28 | 87 |
| 5 | 山本　祐大 | DeNA | 0.333 | 13 | 12 | 12 | 4 | 0 | 2 |
| 6 | アルモンテ | 中日 | 0.329 | 49 | 174 | 164 | 54 | 7 | 25 |
| 7 | ビシエド | 中日 | 0.315 | 143 | 594 | 534 | 168 | 18 | 93 |
| 8 | 糸井　嘉男 | 阪神 | 0.314 | 103 | 444 | 382 | 120 | 5 | 42 |
| 9 | 坂本　勇人 | 巨人 | 0.312 | 143 | 639 | 555 | 173 | 40 | 94 |
| 9 | 大島　洋平 | 中日 | 0.312 | 143 | 623 | 558 | 174 | 3 | 45 |
| ⋮ | ⋮ | ⋮ | ⋮ | ⋮ | ⋮ | ⋮ | ⋮ | ⋮ | ⋮ |
| 149 | 百瀬　大騎 | DeNA | 0 | 1 | 1 | 1 | 0 | 0 | 0 |
| 149 | 髙松　渡 | 中日 | 0 | 2 | 0 | 0 | 0 | 0 | 0 |
| 149 | 宮本　秀明 | DeNA | 0 | 1 | 0 | 0 | 0 | 0 | 0 |
| 149 | 赤松　真人 | 広島 | 0 | 1 | 0 | 0 | 0 | 0 | 0 |
| 149 | 田中　貴也 | 巨人 | 0 | 1 | 0 | 0 | 0 | 0 | 0 |

## 表39　補集合打率順位に対する二段階選抜打率と打率順位の評価

| 補集合打率順位 | 選手名 | チーム | 補集合打率 | 補集合安打 | 補集合打率 | 二段階選抜打率順位 | 打率 | 試合 | 打席数 | 打数 | 安打 | 打率順位 | 算出打率 |
|---|---|---|---|---|---|---|---|---|---|---|---|---|---|
| 1 | 鈴木　誠也 | 広島 | 27074 | 6995 | 0.25836596 | 1 | 0.335 | 140 | 612 | 499 | 167 | 3 | 0.33467 |
| 2 | ピシエド | 中日 | 27039 | 6994 | 0.25866341 | 2 | 0.315 | 143 | 594 | 534 | 168 | 6 | 0.31461 |
| 3 | 大島　洋平 | 中日 | 27015 | 6988 | 0.25867111 | 4 | 0.312 | 143 | 623 | 558 | 174 | 8 | 0.31183 |
| 4 | 坂本　勇人 | 巨人 | 27018 | 6989 | 0.25867940 | 5 | 0.312 | 143 | 639 | 555 | 173 | 9 | 0.31171 |
| 5 | 糸井　嘉男 | 阪神 | 27191 | 7042 | 0.25898275 | 3 | 0.314 | 103 | 444 | 382 | 120 | 7 | 0.31414 |
| 6 | 西川　龍馬 | 広島 | 27038 | 7003 | 0.25900584 | 6 | 0.297 | 138 | 585 | 535 | 159 | 11 | 0.29720 |
| 7 | 青木　宣親 | ヤクルト | 27084 | 7017 | 0.25908285 | 7 | 0.297 | 134 | 565 | 489 | 145 | 12 | 0.29652 |
| 8 | 丸　佳浩 | 巨人 | 27038 | 7006 | 0.25911680 | 9 | 0.292 | 143 | 631 | 535 | 156 | 15 | 0.29159 |
| 9 | 高橋　周平 | 中日 | 27143 | 7036 | 0.25921969 | 8 | 0.293 | 117 | 471 | 430 | 126 | 14 | 0.29302 |
| 10 | 阿部　寿樹 | 中日 | 27126 | 7032 | 0.25923468 | 10 | 0.291 | 129 | 484 | 447 | 130 | 16 | 0.29083 |
| ⋮ | ⋮ | ⋮ | ⋮ | ⋮ | ⋮ | ⋮ | ⋮ | ⋮ | ⋮ | ⋮ | ⋮ | ⋮ | ⋮ |
| 12 | 亀井　善行 | 巨人 | 27123 | 7034 | 0.25933709 | 11 | 0.284 | 131 | 503 | 450 | 128 | 22 | 0.28444 |
| 13 | 宮崎　敏郎 | DeNA | 27140 | 7039 | 0.25935888 | 12 | 0.284 | 114 | 473 | 433 | 123 | 23 | 0.28406 |
| 14 | バレンティン | ヤクルト | 27163 | 7047 | 0.25943379 | 13 | 0.280 | 120 | 468 | 410 | 115 | 25 | 0.28049 |
| ⋮ | ⋮ | ⋮ | ⋮ | ⋮ | ⋮ | ⋮ | ⋮ | ⋮ | ⋮ | ⋮ | ⋮ | ⋮ | ⋮ |
| 17 | 神里　和毅 | DeNA | 27146 | 7043 | 0.25944891 | 14 | 0.279 | 123 | 458 | 427 | 119 | 27 | 0.27869 |
| ⋮ | ⋮ | ⋮ | ⋮ | ⋮ | ⋮ | ⋮ | ⋮ | ⋮ | ⋮ | ⋮ | ⋮ | ⋮ | ⋮ |
| 19 | 近本　光司 | 阪神 | 26987 | 7003 | 0.25949531 | 18 | 0.271 | 142 | 640 | 586 | 159 | 36 | 0.27133 |
| ⋮ | ⋮ | ⋮ | ⋮ | ⋮ | ⋮ | ⋮ | ⋮ | ⋮ | ⋮ | ⋮ | ⋮ | ⋮ | ⋮ |
| 21 | 會澤　翼 | 広島 | 27197 | 7058 | 0.25951392 | 15 | 0.277 | 126 | 447 | 376 | 104 | 30 | 0.27660 |
| 22 | 山田　哲人 | ヤクルト | 27053 | 7021 | 0.25952759 | 19 | 0.271 | 142 | 641 | 520 | 141 | 37 | 0.27115 |
| ⋮ | ⋮ | ⋮ | ⋮ | ⋮ | ⋮ | ⋮ | ⋮ | ⋮ | ⋮ | ⋮ | ⋮ | ⋮ | ⋮ |
| 24 | 雄平 | ヤクルト | 27126 | 7040 | 0.25952960 | 16 | 0.273 | 131 | 493 | 447 | 122 | 34 | 0.27293 |
| 25 | 筒香　嘉智 | DeNA | 27109 | 7036 | 0.25954480 | 17 | 0.272 | 131 | 557 | 464 | 126 | 35 | 0.27155 |
| ⋮ | ⋮ | ⋮ | ⋮ | ⋮ | ⋮ | ⋮ | ⋮ | ⋮ | ⋮ | ⋮ | ⋮ | ⋮ | ⋮ |
| 27 | ソト | DeNA | 27057 | 7023 | 0.25956314 | 20 | 0.269 | 141 | 584 | 516 | 139 | 39 | 0.26938 |
| 28 | 糸原　健斗 | 阪神 | 27082 | 7031 | 0.25961894 | 22 | 0.267 | 143 | 572 | 491 | 131 | 43 | 0.26680 |
| 29 | 中村　悠平 | ヤクルト | 27201 | 7062 | 0.25962281 | 21 | 0.269 | 126 | 450 | 372 | 100 | 41 | 0.26882 |
| ⋮ | ⋮ | ⋮ | ⋮ | ⋮ | ⋮ | ⋮ | ⋮ | ⋮ | ⋮ | ⋮ | ⋮ | ⋮ | ⋮ |
| 33 | 岡本　和真 | 巨人 | 27018 | 7015 | 0.25964172 | 24 | 0.265 | 143 | 628 | 555 | 147 | 47 | 0.26486 |
| ⋮ | ⋮ | ⋮ | ⋮ | ⋮ | ⋮ | ⋮ | ⋮ | ⋮ | ⋮ | ⋮ | ⋮ | ⋮ | ⋮ |
| 36 | 梅野　隆太郎 | 阪神 | 27140 | 7047 | 0.25965365 | 23 | 0.266 | 129 | 492 | 433 | 115 | 45 | 0.26559 |
| ⋮ | ⋮ | ⋮ | ⋮ | ⋮ | ⋮ | ⋮ | ⋮ | ⋮ | ⋮ | ⋮ | ⋮ | ⋮ | ⋮ |
| 44 | 菊池　涼介 | 広島 | 27026 | 7019 | 0.25971287 | 25 | 0.261 | 138 | 619 | 547 | 143 | 51 | 0.26143 |
| ⋮ | ⋮ | ⋮ | ⋮ | ⋮ | ⋮ | ⋮ | ⋮ | ⋮ | ⋮ | ⋮ | ⋮ | ⋮ | ⋮ |
| 72 | 大山　悠輔 | 阪神 | 27035 | 7023 | 0.25977437 | 26 | 0.258 | 143 | 587 | 538 | 139 | 54 | 0.25836 |
| ⋮ | ⋮ | ⋮ | ⋮ | ⋮ | ⋮ | ⋮ | ⋮ | ⋮ | ⋮ | ⋮ | ⋮ | ⋮ | ⋮ |
| 143 | 京田　陽太 | 中日 | 27066 | 7036 | 0.25995714 | 27 | 0.249 | 140 | 574 | 507 | 126 | 66 | 0.24852 |
| ⋮ | ⋮ | ⋮ | ⋮ | ⋮ | ⋮ | ⋮ | ⋮ | ⋮ | ⋮ | ⋮ | ⋮ | ⋮ | ⋮ |
| 161 | 大和 | DeNA | 27135 | 7058 | 0.26010687 | 29 | 0.237 | 137 | 490 | 438 | 104 | 76 | 0.23744 |
| ⋮ | ⋮ | ⋮ | ⋮ | ⋮ | ⋮ | ⋮ | ⋮ | ⋮ | ⋮ | ⋮ | ⋮ | ⋮ | ⋮ |
| 163 | ロペス | DeNA | 27022 | 7029 | 0.26012138 | 28 | 0.241 | 142 | 597 | 551 | 133 | 74 | 0.24138 |
| ⋮ | ⋮ | ⋮ | ⋮ | ⋮ | ⋮ | ⋮ | ⋮ | ⋮ | ⋮ | ⋮ | ⋮ | ⋮ | ⋮ |
| 165 | 村上　宗隆 | ヤクルト | 27062 | 7044 | 0.26029118 | 30 | 0.231 | 143 | 593 | 511 | 118 | 81 | 0.23092 |

総平均

図88は打数合計に対する各打者の打数の割合と補集合の打率の散布図を示す。補集合は大小が逆転しているので、補集合の打率の小さい方から図を見ていくと鈴木、ピシエド、大島、坂本の打者の次に糸井選手の打点が見られるが、今までの選手に比較して割合が小さい（打数が少ない）ことが分かる。また、打数の割合が極端に小さい場合には補集合の打率が総平均0.2597に近づく。図89は打数合計に対する各打者の打数の割合と打率の散布図を示す。割合が高い方に対して打率が高く、割合が低い方に対して打率が低くなるように見える。

表40　打数を考慮した打率順位に対する打率と二段階選抜打率順位の評価

| 打数を考慮した打率順位 | 選手名 | チーム | 打率 | 試合 | 打席数 | 打数 | 安打 | 打率順位 | 算出打率 | 二段階選抜打率順位 | 補集合打率 | 補集合安打 | 補集合打率 |
|---|---|---|---|---|---|---|---|---|---|---|---|---|---|
| 1 | 鈴木　誠也 | 広島 | 0.335 | 140 | 612 | 499 | 167 | 3 | 0.33467 | 1 | 27074 | 6995 | 0.25836596 |
| 2 | ビシエド | 中日 | 0.315 | 143 | 594 | 534 | 168 | 6 | 0.31461 | 2 | 27039 | 6994 | 0.25866341 |
| 3 | 大島　洋平 | 中日 | 0.312 | 143 | 623 | 558 | 174 | 8 | 0.31183 | 4 | 27015 | 6988 | 0.25867111 |
| 4 | 坂本　勇人 | 巨人 | 0.312 | 143 | 639 | 555 | 173 | 9 | 0.31171 | 5 | 27018 | 6989 | 0.25867940 |
| 5 | 糸井　嘉男 | 阪神 | 0.314 | 103 | 444 | 382 | 120 | 7 | 0.31414 | 3 | 27191 | 7042 | 0.25898275 |
| 6 | 西川　龍馬 | 広島 | 0.297 | 138 | 585 | 535 | 159 | 11 | 0.29720 | 6 | 27038 | 7003 | 0.25900584 |
| 7 | 青木　宣親 | ヤクルト | 0.297 | 134 | 565 | 489 | 145 | 12 | 0.29652 | 7 | 27084 | 7017 | 0.25908285 |
| 8 | 丸　佳浩 | 巨人 | 0.292 | 143 | 631 | 535 | 156 | 15 | 0.29159 | 9 | 27038 | 7006 | 0.25911680 |
| 9 | 髙橋　周平 | 中日 | 0.293 | 117 | 471 | 430 | 126 | 14 | 0.29302 | 8 | 27143 | 7036 | 0.25921969 |
| 10 | 阿部　寿樹 | 中日 | 0.291 | 129 | 484 | 447 | 130 | 16 | 0.29083 | 10 | 27126 | 7032 | 0.25923468 |
| ⋮ | ⋮ | ⋮ | ⋮ | ⋮ | ⋮ | ⋮ | ⋮ | ⋮ | ⋮ | ⋮ | ⋮ | ⋮ | ⋮ |
| 12 | 亀井　善行 | 巨人 | 0.284 | 131 | 503 | 450 | 128 | 22 | 0.28444 | 11 | 27123 | 7034 | 0.25933709 |
| 13 | 宮﨑　敏郎 | DeNA | 0.284 | 114 | 473 | 433 | 123 | 23 | 0.28406 | 12 | 27140 | 7039 | 0.25935888 |
| 14 | バレンティン | ヤクルト | 0.280 | 120 | 468 | 410 | 115 | 25 | 0.28049 | 13 | 27163 | 7047 | 0.25943379 |
| ⋮ | ⋮ | ⋮ | ⋮ | ⋮ | ⋮ | ⋮ | ⋮ | ⋮ | ⋮ | ⋮ | ⋮ | ⋮ | ⋮ |
| 17 | 神里　和毅 | DeNA | 0.279 | 123 | 458 | 427 | 119 | 27 | 0.27869 | 14 | 27146 | 7043 | 0.25944891 |
| ⋮ | ⋮ | ⋮ | ⋮ | ⋮ | ⋮ | ⋮ | ⋮ | ⋮ | ⋮ | ⋮ | ⋮ | ⋮ | ⋮ |
| 19 | 近本　光司 | 阪神 | 0.271 | 142 | 640 | 586 | 159 | 36 | 0.27133 | 18 | 26987 | 7003 | 0.25949531 |
| ⋮ | ⋮ | ⋮ | ⋮ | ⋮ | ⋮ | ⋮ | ⋮ | ⋮ | ⋮ | ⋮ | ⋮ | ⋮ | ⋮ |
| 21 | 會澤　翼 | 広島 | 0.277 | 126 | 447 | 376 | 104 | 30 | 0.27660 | 15 | 27197 | 7058 | 0.25951392 |
| 22 | 山田　哲人 | ヤクルト | 0.271 | 142 | 641 | 520 | 141 | 37 | 0.27115 | 19 | 27053 | 7021 | 0.25952759 |
| ⋮ | ⋮ | ⋮ | ⋮ | ⋮ | ⋮ | ⋮ | ⋮ | ⋮ | ⋮ | ⋮ | ⋮ | ⋮ | ⋮ |
| 24 | 雄平 | ヤクルト | 0.273 | 131 | 493 | 447 | 122 | 34 | 0.27293 | 16 | 27126 | 7040 | 0.25952960 |
| 25 | 筒香　嘉智 | DeNA | 0.272 | 131 | 557 | 464 | 126 | 35 | 0.27155 | 17 | 27109 | 7036 | 0.25954480 |
| ⋮ | ⋮ | ⋮ | ⋮ | ⋮ | ⋮ | ⋮ | ⋮ | ⋮ | ⋮ | ⋮ | ⋮ | ⋮ | ⋮ |
| 27 | ソト | DeNA | 0.269 | 141 | 584 | 516 | 139 | 39 | 0.26938 | 20 | 27057 | 7023 | 0.25956314 |
| 28 | 糸原　健斗 | 阪神 | 0.267 | 143 | 572 | 491 | 131 | 43 | 0.26680 | 22 | 27082 | 7031 | 0.25961894 |
| 29 | 中村　悠平 | ヤクルト | 0.269 | 126 | 450 | 372 | 100 | 41 | 0.26882 | 21 | 27201 | 7062 | 0.25962281 |
| ⋮ | ⋮ | ⋮ | ⋮ | ⋮ | ⋮ | ⋮ | ⋮ | ⋮ | ⋮ | ⋮ | ⋮ | ⋮ | ⋮ |
| 33 | 岡本　和真 | 巨人 | 0.265 | 143 | 628 | 555 | 147 | 47 | 0.26486 | 24 | 27018 | 7015 | 0.25964172 |
| ⋮ | ⋮ | ⋮ | ⋮ | ⋮ | ⋮ | ⋮ | ⋮ | ⋮ | ⋮ | ⋮ | ⋮ | ⋮ | ⋮ |
| 36 | 梅野　隆太郎 | 阪神 | 0.266 | 129 | 492 | 433 | 115 | 45 | 0.26559 | 23 | 27140 | 7047 | 0.25965365 |
| ⋮ | ⋮ | ⋮ | ⋮ | ⋮ | ⋮ | ⋮ | ⋮ | ⋮ | ⋮ | ⋮ | ⋮ | ⋮ | ⋮ |
| 44 | 菊池　涼介 | 広島 | 0.261 | 138 | 619 | 547 | 143 | 51 | 0.26143 | 25 | 27026 | 7019 | 0.25971287 |
| ⋮ | ⋮ | ⋮ | ⋮ | ⋮ | ⋮ | ⋮ | ⋮ | ⋮ | ⋮ | ⋮ | ⋮ | ⋮ | ⋮ |
| 72 | 大山　悠輔 | 阪神 | 0.258 | 143 | 587 | 538 | 139 | 54 | 0.25836 | 26 | 27035 | 7023 | 0.25977437 |
| ⋮ | ⋮ | ⋮ | ⋮ | ⋮ | ⋮ | ⋮ | ⋮ | ⋮ | ⋮ | ⋮ | ⋮ | ⋮ | ⋮ |
| 143 | 京田　陽太 | 中日 | 0.249 | 140 | 574 | 507 | 126 | 66 | 0.24852 | 27 | 27066 | 7036 | 0.25995714 |
| ⋮ | ⋮ | ⋮ | ⋮ | ⋮ | ⋮ | ⋮ | ⋮ | ⋮ | ⋮ | ⋮ | ⋮ | ⋮ | ⋮ |
| 161 | 大和 | DeNA | 0.237 | 137 | 490 | 438 | 104 | 76 | 0.23744 | 29 | 27135 | 7058 | 0.26010687 |
| ⋮ | ⋮ | ⋮ | ⋮ | ⋮ | ⋮ | ⋮ | ⋮ | ⋮ | ⋮ | ⋮ | ⋮ | ⋮ | ⋮ |
| 163 | ロペス | DeNA | 0.241 | 142 | 597 | 551 | 133 | 74 | 0.24138 | 28 | 27022 | 7029 | 0.26012138 |
| ⋮ | ⋮ | ⋮ | ⋮ | ⋮ | ⋮ | ⋮ | ⋮ | ⋮ | ⋮ | ⋮ | ⋮ | ⋮ | ⋮ |
| 165 | 村上　宗隆 | ヤクルト | 0.231 | 143 | 593 | 511 | 118 | 81 | 0.23092 | 30 | 27062 | 7044 | 0.26029118 |

総平均

表40は補集合の打数を打数に置き換えて同時に補集合の安打を安打に置き換えて、補集合の打率を打率に置き換えて補集合の打率順位に対して打数を考慮した打率順位である。打数を考慮した打率順位を見て、次に打率を見ると、単純に打率の値によっては数学的な順位は決まらないことが分かる。たとえば打数を考慮した打率順位が27位のソト選手と29位の中村悠平選手の打率は0.269と同じであるが、ソト選手の打数が516であるのに対して中村悠平選手のそれは372であり、先の典型的な数値例で考察した打率が総平均よりも高い時には打率を算出する場合の分母となる打数が大きい方がより上位になることになる。次に、28位の糸原選手と29位の中村悠平選手では、打率が0.267で打数が491の糸原選手の方が打率0.269で打数が372の中村悠平選手よりも上位

となっている。これも打率が2厘差で僅差であるが、打数の差が119であるので、典型的な数値例で述べたことと同じ理由による。ここで話が全く変わるが、本書では打率に注目しているので、その分母についてのみ検討対象にしているが、もし打席数に着目するのであれば、たとえば安打数を打席数で割った打席に対応した安打率を算出して用いることを規約で定めればよい。表41はいままで述べてきたことのまとめとして、日本プロ野球機構の公表順位に対する打数を考慮した打率順位と打率順位の比較を示す。全打者166人に対して規定打席によって人数は30人に絞られ、選抜外の136人については打率に関しての順位が付かない。しかし、打数を考慮した打率順位の列を見ると165位の順位が付いている。これは全打者の内1人が打席数も打数も0であるため一人少なくなっており、また打率の総平均以下の場合打数が多い、つまり出場回数の多い選手ほど下位になる（先に典型的な数値例で説明した）という理由による。打数を考慮した打率の順位は全員に付く。

表41　日本プロ野球機構公表の順位と打数を考慮した打率順位と打率順位の比較

| 日本プロ野球機構公表打率順位［規定打席による打率順位］ | 打数を考慮した打率順位 | 打率順位 | 選手名 | チーム | 打率 | 試合 | 打席数 | 打数 | 安打 |
|---|---|---|---|---|---|---|---|---|---|
| 1 | 1 | 3 | 鈴木　誠也 | 広島 | 0.335 | 140 | 612 | 499 | 167 |
| 2 | 2 | 6 | ビシエド | 中日 | 0.315 | 143 | 594 | 534 | 168 |
| 3 | 5 | 7 | 糸井　嘉男 | 阪神 | 0.314 | 103 | 444 | 382 | 120 |
| 4 | 3 | 8 | 大島　洋平 | 中日 | 0.312 | 143 | 623 | 558 | 174 |
| 5 | 4 | 9 | 坂本　勇人 | 巨人 | 0.312 | 143 | 639 | 555 | 173 |
| 6 | 6 | 11 | 西川　龍馬 | 広島 | 0.297 | 138 | 585 | 535 | 159 |
| 7 | 7 | 12 | 青木　宣親 | ヤクルト | 0.297 | 134 | 565 | 489 | 145 |
| 8 | 9 | 14 | 高橋　周平 | 中日 | 0.293 | 117 | 471 | 430 | 126 |
| 9 | 8 | 15 | 丸　佳浩 | 巨人 | 0.292 | 143 | 631 | 535 | 156 |
| 10 | 10 | 16 | 阿部　寿樹 | 中日 | 0.291 | 129 | 484 | 447 | 130 |
| 11 | 12 | 22 | 亀井　善行 | 巨人 | 0.284 | 131 | 503 | 450 | 128 |
| 12 | 13 | 23 | 宮﨑　敏郎 | DeNA | 0.284 | 114 | 473 | 433 | 123 |
| 13 | 14 | 25 | バレンティン | ヤクルト | 0.280 | 120 | 468 | 410 | 115 |
| 14 | 17 | 27 | 神里　和毅 | DeNA | 0.279 | 123 | 458 | 427 | 119 |
| 15 | 21 | 30 | 會澤　翼 | 広島 | 0.277 | 126 | 447 | 376 | 104 |
| 16 | 24 | 34 | 雄平 | ヤクルト | 0.273 | 131 | 493 | 447 | 122 |
| 17 | 25 | 35 | 筒香　嘉智 | DeNA | 0.272 | 131 | 557 | 464 | 126 |
| 18 | 19 | 36 | 近本　光司 | 阪神 | 0.271 | 142 | 640 | 586 | 159 |
| 19 | 22 | 37 | 山田　哲人 | ヤクルト | 0.271 | 142 | 641 | 520 | 141 |
| 20 | 27 | 39 | ソト | DeNA | 0.269 | 141 | 584 | 516 | 139 |
| 21 | 29 | 41 | 中村　悠平 | ヤクルト | 0.269 | 126 | 450 | 372 | 100 |
| 22 | 28 | 43 | 糸原　健斗 | 阪神 | 0.267 | 143 | 572 | 491 | 131 |
| 23 | 36 | 45 | 梅野　隆太郎 | 阪神 | 0.266 | 129 | 492 | 433 | 115 |
| 24 | 33 | 47 | 岡本　和真 | 巨人 | 0.265 | 143 | 628 | 555 | 147 |
| 25 | 44 | 51 | 菊池　涼介 | 広島 | 0.261 | 138 | 619 | 547 | 143 |
| 26 | 72 | 54 | 大山　悠輔 | 阪神 | 0.258 | 143 | 587 | 538 | 139 |
| 27 | 143 | 66 | 京田　陽太 | 中日 | 0.249 | 140 | 574 | 507 | 126 |
| 28 | 163 | 74 | ロペス | DeNA | 0.241 | 142 | 597 | 551 | 133 |
| 29 | 161 | 76 | 大和 | DeNA | 0.237 | 137 | 490 | 438 | 104 |
| 30 | 165 | 81 | 村上　宗隆 | ヤクルト | 0.231 | 143 | 593 | 511 | 118 |

規定打席数：143×3.1=443.3　　平均打率(総平均)：0.2597

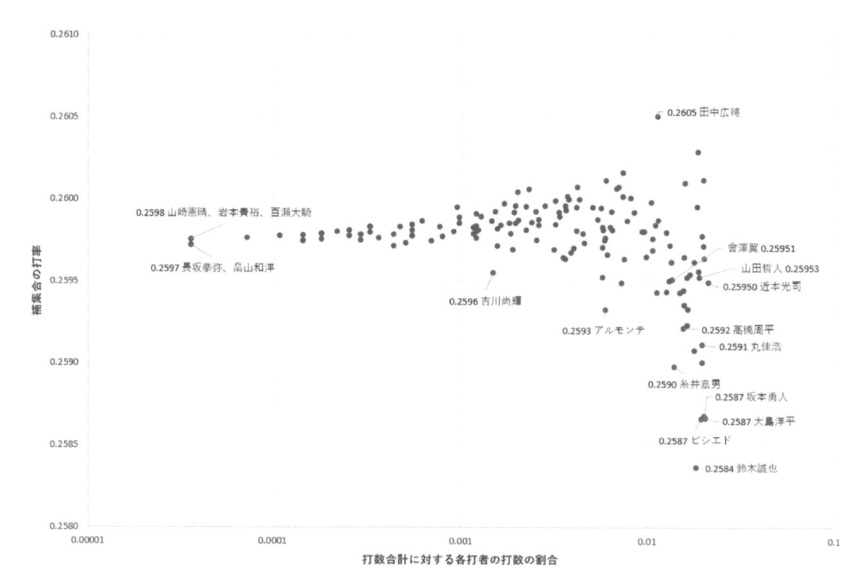


図88　打数合計に対する打数の割合と補集合の打率の関係

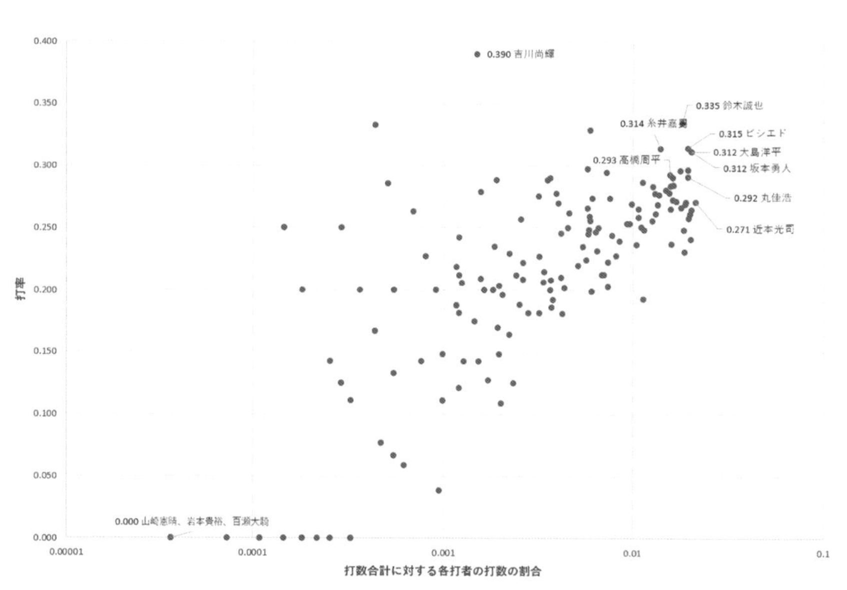


図89　打数合計に対する打数の割合と打率の関係

# 5．将棋界への適用事例

## 5.1　2021年度の将棋勝敗分析

2021年度に棋聖・王位の二つのタイトルを防衛し、叡王・竜王・王将の三つのタイトルを奪取して最年少五冠となった藤井聡太竜王の活躍を見ていきたいと思います。まず、2021年度について2022年3月31日付の日本将棋連盟HP上のプロ棋士の序列（抜粋）が表42に示される。タイトル八冠の内、五冠で竜王位を有する藤井聡太が序列1位で、名人位と二冠の渡辺明が2位で続き、全員で174人の棋士が並ぶ。全対局数は各棋士の対局数の合計で5311となるが、実際の対局はその半分で合計が奇数になっているのは年度中に引退して棋士名から除かれている棋士がいるためで、勝数の合計が2670、勝率が0.5027となっているのも引退棋士は勝敗に負け越しているためである。次に2021年度のランキングの内、対局数と勝数・勝率の上位3位までの棋士を表43に示すが、全ての表に登場するのは藤井聡太のみである。勝率順に全棋士について表44（抜粋）に示すが、将棋は一部の本戦やタイトル戦、順位戦を除いて、トーナメント戦であり、勝者が次のステップに進むのでおおむね勝率の高い棋士は対局数も多くなる。勝率第1位は対局数45で伊藤匠、第2位は対局数52でかつ勝率差は6厘弱で藤井聡太である。この順位が対局数も考慮した時、つまり数学的にも成立するのかどうかを検証してみる。まず対局数合計5311、勝数合計2670に対して各棋士の補集合対局数と補集合勝数を算出し、その結果を用いて補集合勝率を算出し(勝率は高い方が上位になるので)、補集合勝率は大小が逆転するので、並べ替えの昇順を用いて順序付けした結果を表45に示す。その後、補集合対局数と補集合勝数を対局数と勝数に置き換えて、勝率の順位を付け加えた結果に対して対局数を考慮した勝率順位と名付けて表46に示す。同表で先に疑問を持った伊藤匠と藤井聡太の関係は、藤井聡太が１位に、伊藤匠が２位になることが分かった。

図90は横軸に対局数合計に対する各棋士の対局比率（対局構成比率)、縦軸に勝率をとった散布図を示す。勝率の高い棋士ほど対局数が増えていることが分かる。一方、図91には縦軸に補集合勝率をとった散布図を示す。前図と大小関係が逆転するが、対勝率では伊藤匠と藤井聡太、３位の服部慎一郎の間では明確には判別できないが、補集合勝率では藤井聡太が一歩抜きんでていることが明白である。

表42　プロ棋士2021年度の序列（抜粋）

| No. | 棋士名 | 対局数 | 勝数 | 負数 | 勝率 |
|---|---|---|---|---|---|
| 1 | 藤井聡太 | 64 | 52 | 12 | 0.8125 |
| 2 | 渡辺明 | 41 | 23 | 18 | 0.5609 |
| 3 | 永瀬拓矢 | 57 | 35 | 22 | 0.6140 |
| 4 | 羽生善治 | 38 | 14 | 24 | 0.3684 |
| 5 | 谷川浩司 | 31 | 15 | 16 | 0.4838 |
| 6 | 佐藤康光 | 38 | 21 | 17 | 0.5526 |
| 7 | 森内俊之 | 30 | 20 | 10 | 0.6666 |
| 8 | 桐山清澄 | 3 | 1 | 2 | 0.3333 |
| ⋮ | ⋮ | ⋮ | ⋮ | ⋮ | ⋮ |
| 170 | 高田明浩 | 35 | 21 | 14 | 0.6000 |
| 171 | 横山友紀 | 8 | 3 | 5 | 0.3750 |
| 172 | 狩山幹生 | 11 | 8 | 3 | 0.7272 |
| 173 | 東和男 | 1 | 0 | 1 | 0.0000 |
| 174 | 金沢孝史 | 1 | 0 | 1 | 0.0000 |
|  | 合計 | 5311 | 2670 | 総平均確率⇒ | 0.50273 |

表43　2021年度ランキングトップ3

| | 順位 | 棋士名 | 対局数 |
|---|---|---|---|
| 対 | 1 | 藤井聡太 | 64 |
| 局 | 2 | 豊島将之 | 58 |
| 数 | 3 | 永瀬拓矢 | 57 |

| | 順位 | 棋士名 | 勝数 |
|---|---|---|---|
| 勝 | 1 | 藤井聡太 | 52 |
| | 2 | 伊藤 匠 | 45 |
| 数 | 3 | 服部慎一郎 | 43 |

| | 順位 | 棋士名 | 勝率 | 勝敗 |
|---|---|---|---|---|
| 勝 | 1 | 伊藤 匠 | 0.818 | 45-10 |
| | 2 | 藤井聡太 | 0.812 | 52-12 |
| 率 | 3 | 服部慎一郎 | 0.782 | 43-12 |

表44　2021年度勝率順位（抜粋）

| 勝率順位 | 棋士名 | 対局数 | 勝数 | 勝率 |
|---|---|---|---|---|
| 1 | 伊藤匠 | 55 | 45 | 0.81818 |
| 2 | 藤井聡太 | 64 | 52 | 0.81250 |
| 3 | 服部慎一郎 | 55 | 43 | 0.78182 |
| 4 | 西田拓也 | 44 | 34 | 0.77273 |
| 5 | 出口若武 | 53 | 39 | 0.73585 |
| 6 | 本田奎 | 45 | 33 | 0.73333 |
| 7 | 八代弥 | 55 | 40 | 0.72727 |
| 7 | 狩山幹生 | 11 | 8 | 0.72727 |
| ⋮ | ⋮ | ⋮ | ⋮ | ⋮ |
| 170 | 中田宏樹 | 22 | 2 | 0.09091 |
| 171 | 福崎文吾 | 13 | 1 | 0.07692 |
| 171 | 室岡克彦 | 13 | 1 | 0.07692 |
| 173 | 東和男 | 1 | 0 | 0.00000 |
| 173 | 金沢孝史 | 1 | 0 | 0.00000 |

表45　2021年度補集合勝率順位（抜粋）

| 補集合勝率順位 | 棋士名 | 補集合対局数 | 補集合勝数 | 補集合勝率 |
|---|---|---|---|---|
| 1 | 藤井聡太 | 5247 | 2618 | 0.498952 |
| 2 | 伊藤匠 | 5256 | 2625 | 0.499429 |
| 3 | 服部慎一郎 | 5256 | 2627 | 0.499810 |
| 4 | 出口若武 | 5258 | 2631 | 0.500380 |
| 5 | 八代弥 | 5256 | 2630 | 0.500381 |
| 6 | 西田拓也 | 5267 | 2636 | 0.500475 |
| 7 | 本田奎 | 5266 | 2637 | 0.500760 |
| 8 | 佐々木大地 | 5263 | 2636 | 0.500855 |
| ⋮ | ⋮ | ⋮ | ⋮ | ⋮ |
| 170 | 田中寅彦 | 5287 | 2666 | 0.504256 |
| 170 | 塚田泰明 | 5287 | 2666 | 0.504256 |
| 172 | 森下卓 | 5283 | 2664 | 0.504259 |
| 173 | 堀口一史座 | 5286 | 2666 | 0.504351 |
| 174 | 中田宏樹 | 5289 | 2668 | 0.504443 |

表46　2021年度対局数を考慮した勝率順位（抜粋）

| 対局数を考慮した勝率順位 | 棋士名 | 対局数 | 勝数 | 勝率 | 勝率順位 | 補集合対局数 | 補集合勝数 | 補集合勝率 |
|---|---|---|---|---|---|---|---|---|
| 1 | 藤井聡太 | 64 | 52 | 0.81250 | 2 | 5247 | 2618 | 0.498952 |
| 2 | 伊藤匠 | 55 | 45 | 0.81818 | 1 | 5256 | 2625 | 0.499429 |
| 3 | 服部慎一郎 | 55 | 43 | 0.78182 | 3 | 5256 | 2627 | 0.499810 |
| 4 | 出口若武 | 53 | 39 | 0.73585 | 5 | 5258 | 2631 | 0.500380 |
| 5 | 八代弥 | 55 | 40 | 0.72727 | 7 | 5256 | 2630 | 0.500381 |
| 6 | 西田拓也 | 44 | 34 | 0.77273 | 4 | 5267 | 2636 | 0.500475 |
| 7 | 本田奎 | 45 | 33 | 0.73333 | 6 | 5266 | 2637 | 0.500760 |
| 8 | 佐々木大地 | 48 | 34 | 0.70833 | 10 | 5263 | 2636 | 0.500855 |
| ⋮ | ⋮ | ⋮ | ⋮ | ⋮ | ⋮ | ⋮ | ⋮ | ⋮ |
| 170 | 田中寅彦 | 24 | 4 | 0.16667 | 163 | 5287 | 2666 | 0.504256 |
| 170 | 塚田泰明 | 24 | 4 | 0.16667 | 163 | 5287 | 2666 | 0.504256 |
| 172 | 森下卓 | 28 | 6 | 0.21429 | 159 | 5283 | 2664 | 0.504259 |
| 173 | 堀口一史座 | 25 | 4 | 0.16000 | 165 | 5286 | 2666 | 0.504351 |
| 174 | 中田宏樹 | 22 | 2 | 0.09091 | 170 | 5289 | 2668 | 0.504443 |

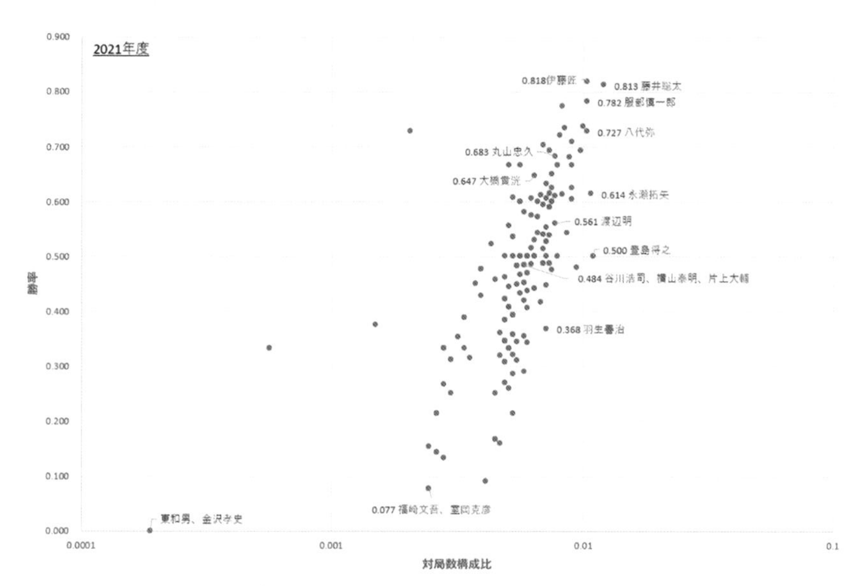


図90　2021年度プロ棋士の勝率と対局数構成比率の関係

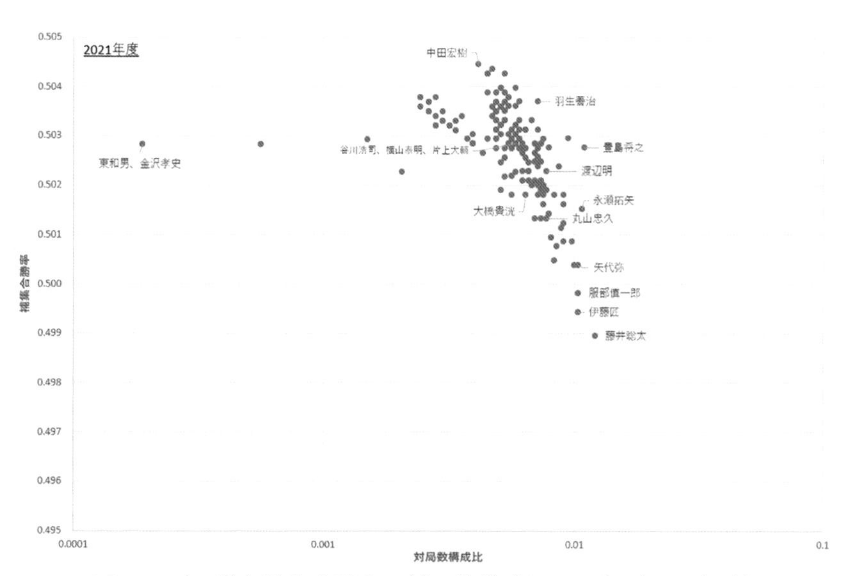


図91　プロ棋士補集合勝率と対局数構成比の関係（2021年度）

## 5.2　通算成績の将棋勝敗分析

表47は2022年3月31日付の日本将棋連盟HPのプロ棋士の序列と通算成績（抜粋）である。序列は先の2021年度の場合と同じであり、各棋士（174人）の四段昇段後対局数、勝敗数のプロ棋士としての通算成績が示されている。通算対局数合計は129,356で勝数については70,919、その結果勝率は0.54825と在籍棋士は勝敗の期待値0.5を大きく上回っているが、対引退棋士に加えて女流棋士を交えた公式戦でも勝ち越しているためである。次に、表48には通算勝ち数の通算対局数に対する比率である勝率の順位一覧（抜粋）を示す。各棋戦の予選1回戦から対戦が開始されることや、強敵と対戦しないことも幸いして、対局数の比較的少ない若手が上位を占めている。1位は通算勝率が8割以上と他の棋士を引き離して藤井聡太である。続いて補集合通算勝率順位を求めた結果を表49に示す。1位は羽生善治、2位は丸山忠久、3位は谷川浩司のベテラン勢が並び、藤井聡太は11位で、抜粋された表には現れなかった、詳細は後ほど述べる。対局数を考慮した勝率順位すなわち数学的な通算勝率順位は表50に示す。勝率順位も併記しているが、174人中30代前後のベテランが頑張っていることが分かる。

表47　プロ棋士の序列と通算成績（2022年３月31日付、抜粋）

| No. | 棋士名 | 対局数 | 勝数 | 負数 | 勝率 |
|---|---|---|---|---|---|
| 1 | 藤井聡太 | 317 | 265 | 52 | 0.8359 |
| 2 | 渡辺明 | 1070 | 706 | 364 | 0.6598 |
| 3 | 永瀬拓矢 | 608 | 429 | 179 | 0.7055 |
| 4 | 羽生善治 | 2150 | 1495 | 653 | 0.6959 |
| 5 | 谷川浩司 | 2263 | 1361 | 899 | 0.6022 |
| 6 | 佐藤康光 | 1753 | 1079 | 674 | 0.6155 |
| 7 | 森内俊之 | 1552 | 952 | 600 | 0.6134 |
| 8 | 桐山清澄 | 1953 | 996 | 957 | 0.5099 |
| ⋮ | ⋮ | ⋮ | ⋮ | ⋮ | ⋮ |
| 170 | 高田明浩 | 35 | 21 | 14 | 0.6000 |
| 171 | 横山友紀 | 8 | 3 | 5 | 0.3750 |
| 172 | 狩山幹生 | 11 | 8 | 3 | 0.7272 |
| 173 | 東和男 | 1160 | 479 | 681 | 0.4129 |
| 174 | 金沢孝史 | 479 | 203 | 276 | 0.4237 |
| | 合計 | 129356 | 70919 | 総平均勝率⇒ | 0.54825 |

表48　プロ棋士通算勝率順位（2022年３月31日付、抜粋）

| 勝率順位 | 棋士名 | 対局数 | 勝数 | 勝率 |
|---|---|---|---|---|
| 1 | 藤井聡太 | 317 | 265 | 0.8360 |
| 2 | 伊藤匠 | 66 | 52 | 0.7879 |
| 3 | 服部慎一郎 | 94 | 71 | 0.7553 |
| 4 | 狩山幹生 | 11 | 8 | 0.7273 |
| 5 | 大橋貴洸 | 242 | 172 | 0.7107 |
| 6 | 永瀬拓矢 | 608 | 429 | 0.7056 |
| 7 | 佐々木大地 | 317 | 223 | 0.7035 |
| 8 | 出口若武 | 145 | 101 | 0.6966 |
| ⋮ | ⋮ | ⋮ | ⋮ | ⋮ |
| 170 | 木下浩一 | 849 | 355 | 0.4181 |
| 171 | 藤倉勇樹 | 403 | 168 | 0.4169 |
| 172 | 東和男 | 1160 | 479 | 0.4129 |
| 173 | 上野裕和 | 493 | 198 | 0.4016 |
| 174 | 横山友紀 | 8 | 3 | 0.3750 |

## 表49　通算補集合勝率順位（抜粋）

| 補集合勝率順位 | 棋士名 | 補集合対局数 | 補集合勝数 | 補集合勝率 |
|---|---|---|---|---|
| 1 | 羽生善治 | 127206 | 69424 | 0.54576 |
| 2 | 丸山忠久 | 127817 | 69950 | 0.54727 |
| 3 | 谷川浩司 | 127093 | 69558 | 0.54730 |
| 4 | 渡辺明 | 128286 | 70213 | 0.547316 |
| 5 | 佐藤康光 | 127603 | 69840 | 0.547323 |
| 6 | 深浦康市 | 127932 | 70037 | 0.54745 |
| 7 | 森内俊之 | 127804 | 69967 | 0.547455 |
| 8 | 豊島将之 | 128552 | 70377 | 0.547459 |
| ⋮ | ⋮ | ⋮ | ⋮ | ⋮ |
| 170 | 青野照市 | 127710 | 70129 | 0.54913 |
| 171 | 所司和晴 | 128424 | 70525 | 0.54916 |
| 172 | 福崎文吾 | 127909 | 70251 | 0.54923 |
| 173 | 室岡克彦 | 128288 | 70470 | 0.54931 |
| 174 | 東和男 | 128196 | 70440 | 0.54947 |

## 表50　通算対局数を考慮した勝率順位（抜粋）

| 対局数を考慮した勝率順位 | 棋士名 | 対局数 | 勝数 | 勝率 | 勝率順位 | 補集合対局数 | 補集合勝数 | 補集合勝率 |
|---|---|---|---|---|---|---|---|---|
| 1 | 羽生善治 | 2150 | 1495 | 0.69535 | 9 | 127206 | 69424 | 0.5457604 |
| 2 | 丸山忠久 | 1539 | 969 | 0.62963 | 34 | 127817 | 69950 | 0.5472668 |
| 3 | 谷川浩司 | 2263 | 1361 | 0.60141 | 52 | 127093 | 69558 | 0.5473000 |
| 4 | 渡辺明 | 1070 | 706 | 0.65981 | 19 | 128286 | 70213 | 0.5473162 |
| 5 | 佐藤康光 | 1753 | 1079 | 0.61552 | 40 | 127603 | 69840 | 0.5473226 |
| 6 | 深浦康市 | 1424 | 882 | 0.61938 | 39 | 127932 | 70037 | 0.5474549 |
| 7 | 森内俊之 | 1552 | 952 | 0.61340 | 43 | 127804 | 69967 | 0.5474555 |
| 8 | 豊島将之 | 804 | 542 | 0.67413 | 15 | 128552 | 70377 | 0.5474594 |
| ⋮ | ⋮ | ⋮ | ⋮ | ⋮ | ⋮ | ⋮ | ⋮ | ⋮ |
| 170 | 青野照市 | 1646 | 790 | 0.47995 | 146 | 127710 | 70129 | 0.5491269 |
| 171 | 所司和晴 | 932 | 394 | 0.42275 | 167 | 128424 | 70525 | 0.5491575 |
| 172 | 福崎文吾 | 1447 | 668 | 0.46164 | 160 | 127909 | 70251 | 0.5492264 |
| 173 | 室岡克彦 | 1068 | 449 | 0.42041 | 169 | 128288 | 70470 | 0.5493109 |
| 174 | 東和男 | 1160 | 479 | 0.41293 | 172 | 128196 | 70440 | 0.5494711 |

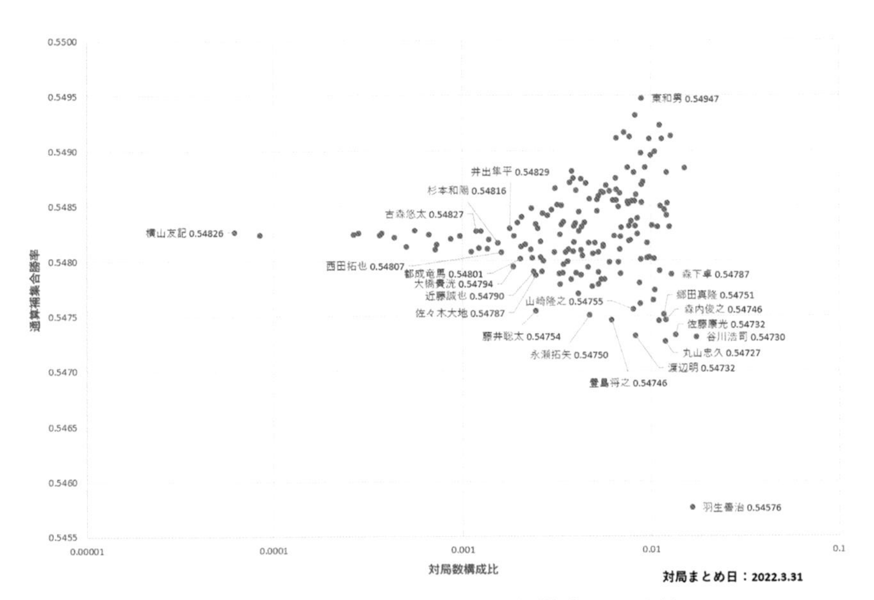


図92　通算補集合勝率と対局数構成比の関係

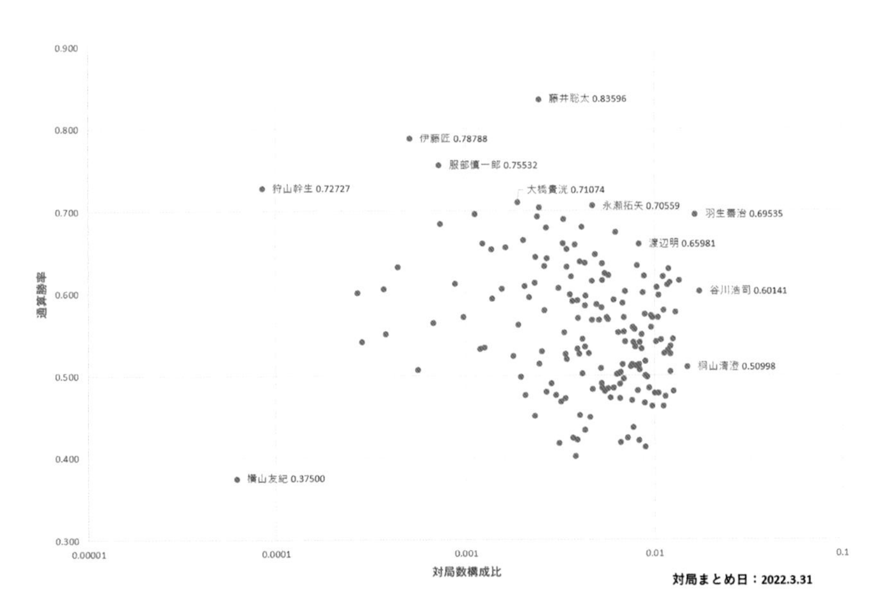


図93　通算勝率と対局数構成比の関係

図92と図93には2022年３月31日付対局まとめ日の通算対局数合計に対する各棋士の通算対局数比率の対局数構成比を横軸にとり、通算補集合勝率と通算勝率をそれぞれ縦軸にとった散布図を示す。通算勝率の高い棋士に対して、通算補集合勝率は低い方が上位になる。表50の羽生善治は対局数構成比も大きく、勝率については他の棋士を大きく引き離しているので当分の間１位を維持すると思われる。また、藤井聡太については、対局数構成比がほぼ同じ佐々木大地や近藤誠也などの棋士に対して引き離しているのが分かる。一方表48の通算勝率では藤井聡太が大きく引き離しており、２番手には７割強の棋士が並んでいるが、対局数構成比との関係は明確ではない。

## 5.3　主な高勝率棋士と2016年前後に四段昇段を果たした棋士20人

主な高勝率棋士と、藤井聡太が四段昇段してプロ棋士の仲間入りをしたのと同時期の2016年前後に四段昇段した棋士20人を選んでいくつかの角度から見ていきたい。表51は対象となる棋士20人の将棋関連のプロフィールである。

表51　対象棋士の通算勝率他の項目

| 棋士名 | 棋士番号 | 年齢 | 四段昇段期日(年齢) | 通算対局数 | 通算勝率順位 | 対局数を考慮した通算勝率順位 |
|---|---|---|---|---|---|---|
| 羽生善治 | 175 | 51 | 1985.12.18(15) | 2150 | 9 | 1 |
| 谷川浩司 | 131 | 59 | 1976.12.20(14) | 2263 | 52 | 3 |
| 佐藤康光 | 182 | 52 | 1987.3.25(17) | 1753 | 40 | 5 |
| 丸山忠久 | 194 | 51 | 1990.4.1(19) | 1539 | 34 | 2 |
| 深浦康市 | 201 | 50 | 1991.10.1(19) | 1424 | 39 | 6 |
| 森内俊之 | 183 | 51 | 1987.5.13(16) | 1552 | 43 | 7 |
| 郷田真隆 | 195 | 51 | 1990.4.1(19) | 1517 | 46 | 10 |
| 渡辺明 | 235 | 37 | 2000.1.1(15) | 1070 | 19 | 4 |
| 山崎隆之 | 227 | 41 | 1998.4.1(17) | 1040 | 30 | 12 |
| 豊島将之 | 264 | 31 | 2007.4.1(16) | 804 | 15 | 8 |
| 近藤誠也 | 303 | 25 | 2015.10.1(19) | 310 | 10 | 32 |
| 藤井聡太 | 307 | 19 | 2016.10.1(14) | 317 | 1 | 11 |
| 佐々木大地 | 306 | 26 | 2016.4.1(20) | 317 | 7 | 24 |
| 大橋貴洸 | 308 | 29 | 2016.10.1(24) | 242 | 5 | 36 |
| 都成竜馬 | 304 | 32 | 2016.4.1(26) | 262 | 16 | 43 |
| 西田拓也 | 309 | 30 | 2017.4.1(25) | 209 | 21 | 54 |
| 杉本和陽 | 310 | 30 | 2017.4.1(25) | 200 | 50 | 73 |
| 井出隼平 | 305 | 30 | 2016.4.1(24) | 231 | 114 | 98 |
| 斎藤明日斗 | 311 | 23 | 2017.10.1(19) | 179 | 60 | 78 |
| 古森悠太 | 312 | 26 | 2017.10.1(22) | 154 | 104 | 96 |
| 年齢：2022.4.1現在、2022.3.31対局まで | | | | 登録棋士数 | 174 | 174 |

表52には対象となる棋士の2017年10月26日～2022年３月31日のまとめ日の全棋士に対する通算勝率順位の推移を示す。藤井聡太は新人の参入によって２または３位になることがあるが、ほとんどのまとめ日で１位を維持している。次に、補集合勝率を求めた後に各棋士の通算対局数を考慮した勝率順位のまとめ日毎の推移を表53に示す。羽生善治が全期間を通じて１位で、谷川浩司が続いている。藤井聡太は2017年10月26日の48位から2022年３月31日に11位になったのに対して、藤井聡太と同時期にプロ棋士となった大橋貴洸は68位から36位であり、藤井聡太の急激なアップが特筆される。図94は表52をグラフ化したもので、また図95は表53をグラフで示したものである。この項で述べてきた事が一目で理解できると思われる。

## 表52　対象棋士のまとめ期日毎の通算勝率順位

| 通算勝率順位 | 2017.10.26 | 2018.02.14 | 2018.03.30 | 2018.07.31 | 2018.11.18 | 2018.12.14 | 2018.12.30 | 2019.03.27 | 2019.07.18 | 2019.09.08 | 2020.03.31 | 2020.09.09 | 2021.03.31 | 2021.06.26 | 2021.07.30 | 2022.03.31 |
|---|---|---|---|---|---|---|---|---|---|---|---|---|---|---|---|---|
| 羽生善治 | 6 | 7 | 7 | 6 | 6 | 7 | 8 | 8 | 7 | 7 | 5 | 7 | 5 | 7 | 8 | 9 |
| 谷川浩司 | 47 | 48 | 49 | 47 | 47 | 47 | 48 | 45 | 46 | 44 | 46 | 48 | 50 | 54 | 55 | 52 |
| 佐藤康光 | 34 | 39 | 40 | 35 | 36 | 37 | 38 | 37 | 37 | 36 | 34 | 39 | 40 | 42 | 44 | 40 |
| 丸山忠久 | 30 | 33 | 35 | 33 | 34 | 34 | 36 | 34 | 32 | 29 | 28 | 31 | 34 | 38 | 38 | 34 |
| 深浦康市 | 28 | 32 | 32 | 30 | 32 | 31 | 33 | 32 | 31 | 30 | 30 | 33 | 37 | 39 | 41 | 39 |
| 森内俊之 | 41 | 42 | 42 | 40 | 39 | 40 | 41 | 41 | 40 | 39 | 40 | 44 | 41 | 44 | 45 | 43 |
| 郷田真隆 | 38 | 43 | 43 | 38 | 38 | 39 | 40 | 39 | 38 | 38 | 37 | 41 | 42 | 43 | 46 | 46 |
| 渡辺明 | 19 | 20 | 22 | 19 | 19 | 19 | 21 | 18 | 16 | 16 | 14 | 16 | 17 | 19 | 20 | 19 |
| 山崎隆之 | 22 | 21 | 24 | 21 | 21 | 23 | 24 | 21 | 23 | 23 | 23 | 24 | 26 | 29 | 31 | 30 |
| 豊島将之 | 8 | 10 | 9 | 9 | 9 | 9 | 10 | 10 | 10 | 11 | 9 | 11 | 10 | 12 | 13 | 15 |
| 近藤誠也 | 3 | 3 | 4 | 5 | 5 | 6 | 7 | 7 | 5 | 4 | 7 | 9 | 9 | 11 | 10 | 10 |
| 藤井聡太 | 1 | 1 | 1 | 1 | 1 | 2 | 3 | 2 | 1 | 1 | 1 | 2 | 1 | 2 | 1 | 1 |
| 佐々木大地 | 11 | 12 | 14 | 17 | 15 | 14 | 15 | 6 | 8 | 9 | 6 | 8 | 6 | 10 | 12 | 7 |
| 大橋貴洸 | 2 | 4 | 2 | 2 | 2 | 3 | 4 | 3 | 3 | 2 | 2 | 4 | 2 | 6 | 7 | 5 |
| 都成竜馬 | 36 | 19 | 12 | 12 | 12 | 13 | 13 | 14 | 14 | 15 | 11 | 13 | 13 | 15 | 19 | 16 |
| 西田拓也 | 17 | 27 | 38 | 26 | 17 | 20 | 19 | 24 | 17 | 25 | 18 | 27 | 36 | 30 | 30 | 21 |
| 杉本和陽 | 125 | 31 | 39 | 70 | 60 | 68 | 66 | 53 | 54 | 53 | 53 | 56 | 63 | 61 | 63 | 50 |
| 井出隼平 | 99 | 130 | 113 | 117 | 132 | 133 | 138 | 121 | 116 | 99 | 99 | 111 | 108 | 107 | 112 | 114 |
| 斎藤明日斗 | − | 2 | 18 | 91 | 114 | 128 | 128 | 150 | 131 | 108 | 78 | 77 | 68 | 47 | 49 | 60 |
| 古森悠太 | − | 126 | 19 | 145 | 126 | 137 | 117 | 133 | 127 | 121 | 87 | 91 | 85 | 86 | 93 | 104 |
| 登録棋士数 | 160 | 162 | 162 | 164 | 163 | 164 | 165 | 165 | 167 | 166 | 168 | 171 | 174 | 173 | 173 | 174 |

図96と図97には通算勝率順位ほぼ1位の藤井聡太と対局数を考慮した勝率順位1位の羽生善治の通算勝率とその順位、対局数を考慮した勝率順位の推移および全棋士通算対局数に対する通算対局数の比率（対局数比率）の推移を示す。対局数比率については藤井聡太が0.05％から0.25％に増えているのに対して、羽生善治は1.7％前後で微減しており、将棋の対戦が前にも述べたように、一部を除いてトーナメント戦勝ち上がり、敗退となることを考えると、藤井聡太は順調に伸びているが、羽生善治は厳しい状況にあることがわかる。

## 表53　対象棋士のまとめ期日毎の通算対局数を考慮した勝率順位

| 対局数考慮勝率順位 | 2017.10.26 | 2018.2.14 | 2018.3.30 | 2018.7.31 | 2018.11.18 | 2018.12.14 | 2018.12.30 | 2019.3.27 | 2019.7.18 | 2019.9.8 | 2020.3.31 | 2020.9.9 | 2021.3.31 | 2021.6.26 | 2021.7.30 | 2022.3.31 |
|---|---|---|---|---|---|---|---|---|---|---|---|---|---|---|---|---|
| 羽生善治 | 1 | 1 | 1 | 1 | 1 | 1 | 1 | 1 | 1 | 1 | 1 | 1 | 1 | 1 | 1 | 1 |
| 谷川浩司 | 2 | 2 | 2 | 2 | 2 | 2 | 2 | 2 | 2 | 2 | 2 | 2 | 2 | 2 | 2 | 3 |
| 佐藤康光 | 3 | 3 | 3 | 3 | 3 | 3 | 3 | 3 | 3 | 3 | 4 | 4 | 5 | 5 | 5 | 5 |
| 丸山忠久 | 4 | 4 | 4 | 4 | 4 | 4 | 4 | 4 | 4 | 4 | 3 | 3 | 3 | 4 | 4 | 2 |
| 深浦康市 | 5 | 5 | 5 | 5 | 5 | 5 | 5 | 5 | 6 | 6 | 6 | 6 | 6 | 7 | 6 | 6 |
| 森内俊之 | 6 | 6 | 6 | 6 | 6 | 6 | 6 | 7 | 7 | 8 | 9 | 8 | 8 | 8 | 8 | 7 |
| 郷田真隆 | 7 | 7 | 7 | 7 | 7 | 8 | 8 | 8 | 8 | 7 | 8 | 9 | 9 | 9 | 9 | 10 |
| 渡辺明 | 8 | 8 | 8 | 8 | 8 | 7 | 7 | 6 | 5 | 5 | 5 | 5 | 4 | 3 | 3 | 4 |
| 山崎隆之 | 9 | 9 | 9 | 10 | 10 | 10 | 10 | 10 | 10 | 10 | 10 | 10 | 10 | 10 | 11 | 12 |
| 豊島将之 | 10 | 10 | 10 | 9 | 9 | 9 | 9 | 9 | 9 | 9 | 7 | 7 | 7 | 6 | 7 | 8 |
| 近藤誠也 | 47 | 49 | 49 | 50 | 49 | 49 | 49 | 47 | 39 | 38 | 40 | 37 | 35 | 32 | 33 | 32 |
| 藤井聡太 | 48 | 47 | 46 | 39 | 34 | 34 | 33 | 31 | 26 | 26 | 19 | 16 | 14 | 13 | 13 | 11 |
| 佐々木大地 | 65 | 66 | 65 | 65 | 63 | 62 | 58 | 51 | 49 | 49 | 39 | 34 | 31 | 31 | 31 | 24 |
| 大橋貴洸 | 68 | 67 | 63 | 58 | 53 | 51 | 51 | 52 | 50 | 48 | 43 | 39 | 39 | 41 | 41 | 36 |
| 都成竜馬 | 72 | 69 | 66 | 64 | 59 | 59 | 55 | 57 | 56 | 57 | 53 | 52 | 48 | 49 | 49 | 43 |
| 西田拓也 | 74 | 76 | 75 | 72 | 69 | 69 | 68 | 70 | 67 | 68 | 66 | 67 | 68 | 60 | 58 | 54 |
| 杉本和陽 | 84 | 77 | 76 | 81 | 77 | 78 | 77 | 75 | 78 | 77 | 73 | 75 | 77 | 75 | 75 | 73 |
| 井出隼平 | 86 | 92 | 90 | 94 | 98 | 98 | 98 | 96 | 97 | 88 | 92 | 100 | 98 | 96 | 98 | 98 |
| 斎藤明日斗 | – | 80 | 84 | 84 | 84 | 87 | 89 | 95 | 94 | 87 | 85 | 85 | 83 | 74 | 73 | 78 |
| 古森悠太 | – | 82 | 82 | 85 | 86 | 90 | 87 | 91 | 93 | 92 | 86 | 89 | 87 | 89 | 92 | 96 |
| 登録棋士数 | 160 | 162 | 162 | 164 | 163 | 164 | 165 | 165 | 167 | 166 | 168 | 171 | 174 | 173 | 173 | 174 |

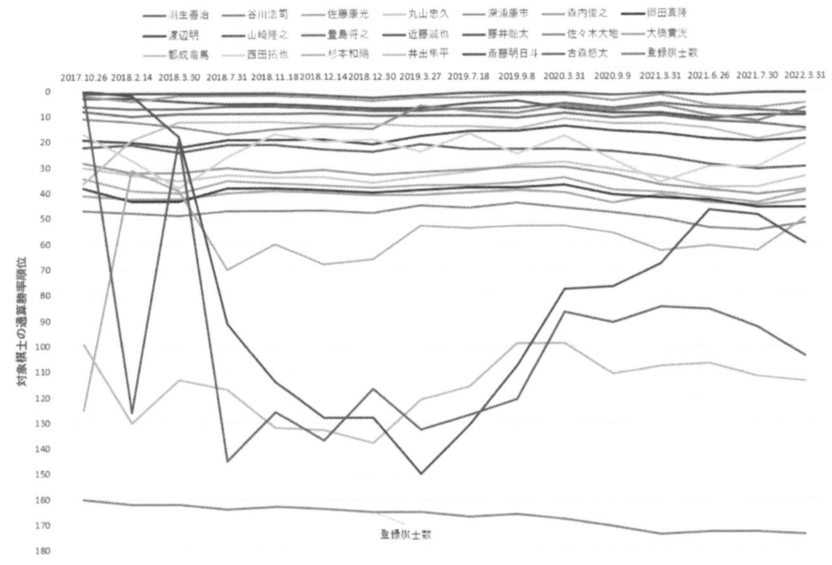


図94　対象棋士のまとめ期日毎の通算勝率順位推移

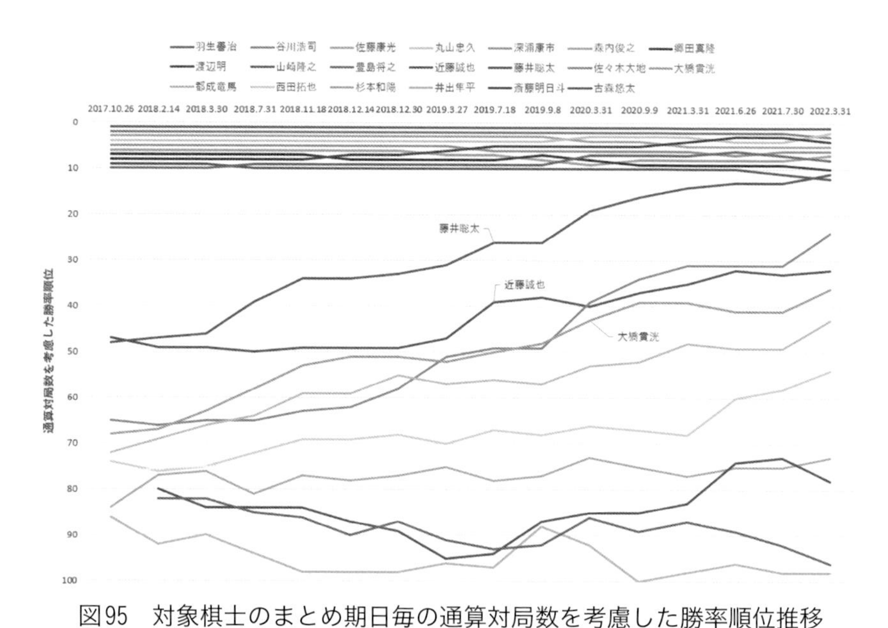


図95　対象棋士のまとめ期日毎の通算対局数を考慮した勝率順位推移

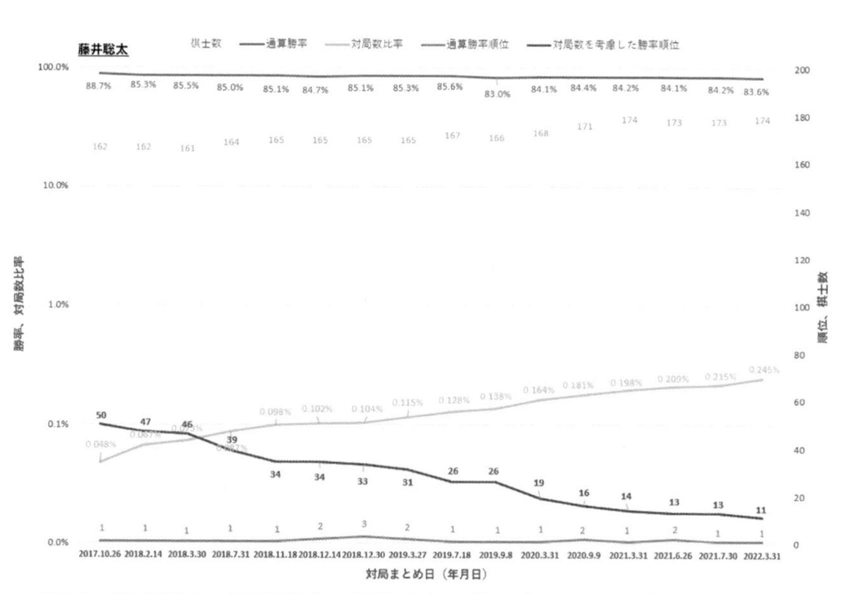


図96　藤井聡太の通算勝率、順位と対局数を考慮した勝率、順位の推移

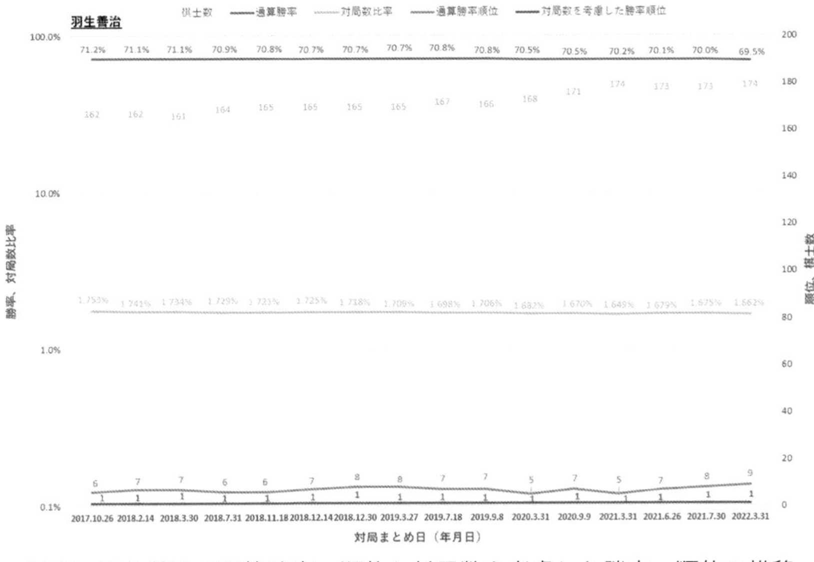


図97　羽生善治の通算勝率、順位と対局数を考慮した勝率、順位の推移

図98と図99には対象棋士20人について、各棋士のプロ棋士としての通算対局数に対して通算対局数を考慮した勝率順位と通算勝率順位の推移を示す。図98では羽生善治や谷川浩司が通算対局数2000以上で１、２位を堅持してきたが、直近では丸山忠久が通算対局数1500で２位を奪いつつあり、これは図99の通算勝率順位においても谷川浩司を引き離している。次に、藤井聡太は図98の対局数を考慮した勝率順位において300局までで、羽生、谷川の６分の１以下であるが、174人の全棋士中11位とおおいに健闘しており、同時期前後にプロ棋士になった棋士に比較してもその成長ぶりが著しい。図99の通算勝率順位ではときたま新人棋士に１位を許すことがあるが、プロデビュー以来トップの座をキープしている。表54には藤井聡太の2016年の四段昇段からの年度ごとの勝率が載っているが、８割以上をキープし2020年度からはタイトル戦にも出場しているがその勢いは止まらない。先手番と後手番の勝率についてはその時の戦型にも依存するので年度によっても変わってい

る。図100には2021年度の藤井聡太の先手、後手別の勝敗と戦型を示している。先手番の時には相掛かりが多く、後手番の時には雁木や矢倉が見られる。

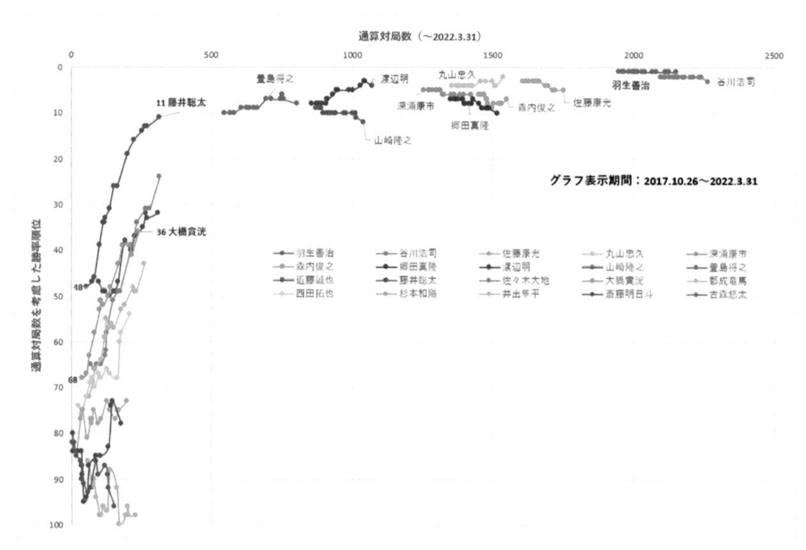


図98　対局まとめ日毎に対応した対象棋士の通算対局数を考慮した勝率順位の推移

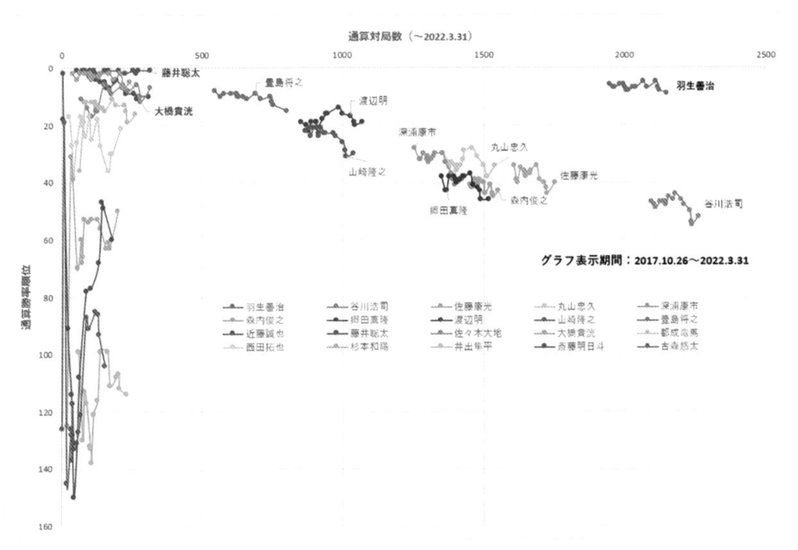


図99　対局まとめ日毎に対応した対象棋士の通算勝率順位の推移

表54　藤井聡太の年度毎の勝率

| 年度 | 対局数 | 全局 | | | 先手番 | | | 後手番 | | |
|---|---|---|---|---|---|---|---|---|---|---|
| | | 勝 | 負 | 勝率 | 勝 | 負 | 勝率 | 勝 | 負 | 勝率 |
| 2021 | 64 | 52 | 12 | 0.813 | 30 | 3 | 0.909 | 22 | 9 | 0.710 |
| 2020 | 52 | 44 | 8 | 0.846 | 24 | 6 | 0.800 | 20 | 2 | 0.909 |
| 2019 | 65 | 53 | 12 | 0.815 | 27 | 4 | 0.871 | 26 | 8 | 0.765 |
| 2018 | 53 | 45 | 8 | 0.849 | 16 | 2 | 0.889 | 29 | 6 | 0.829 |
| 2017 | 73 | 61 | 12 | 0.836 | 28 | 4 | 0.875 | 33 | 8 | 0.805 |
| 2016 | 10 | 10 | 0 | 1.000 | 6 | 0 | 1.000 | 4 | 0 | 1.000 |
| 通算 | 317 | 265 | 52 | 0.836 | 132 | 19 | 0.874 | 133 | 33 | 0.801 |

2021年度 藤井聡太五冠勝率 81.8% (=54/66)

1. 藤井先手

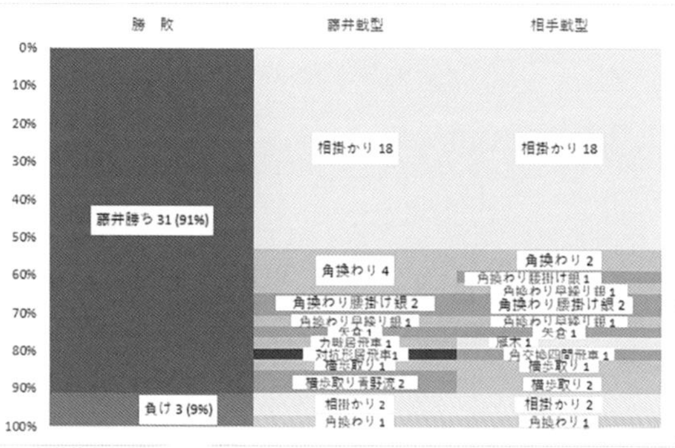


2.藤井後手

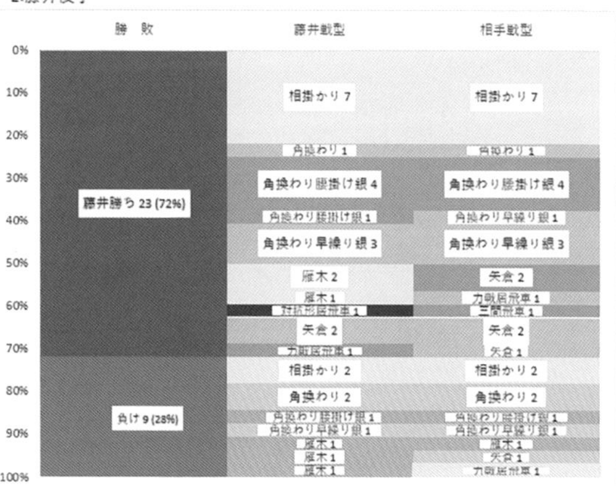


図100　藤井聡太の先手、後手別の勝敗と戦型（2021年度）

# 6．シンプソン・パラドックスの事例
## ── どちらの病院を閉鎖すべきか

［参考文献：Stewart I., 水谷淳訳（2010）参照］

データを組み合わせると奇妙なことが起こる事例として、シンプソンのパラドックスについて考えてみる。本例はイアン・スチュアートの著作の中の「どっちの病院を閉鎖する？」の数値例である。一つの地域に二つの病院があって、外科手術の成功率の低い方の病院を閉鎖しようと考えていた。まず、セント・アンブロース病院は2,100人の手術をして63人（３%）が亡くなり、バンブルダウン総合病院は800人の手術をして16人（２%）が亡くなった。従って、死亡率の高いセント・アンブロース病院を閉鎖すべきだ、という結果を得た。しかし、これらの結果を男女別に集計し直してみると、表55に示されるように死亡率では、先に得た男女合計の値と全く逆の結果となってしまった。これらの結果は、単に死亡率だけでその大小を比較しているためで、死亡率に加えて手術回数も考慮して数学的にそれらの値の大小を比較するために、手術を受けた2,900人全員と全死亡者79人に対する補集合から算出した結果と死亡率の値の小さい方からの順位を表56に示した。次に、それぞれの対応する集合の手術人員と死亡者数、死亡率に置き換えた結果が表57のように得られ、補集合の平均と対象集合の平均は一次式で示されその係数が負（−）であるので死亡率の順位は手術人員を考慮した死亡率の高い順となっている。その結果、セント・アンブロース病院の死亡率が高いのは、男性の手術人員1,500人死亡率3.80%の方が、バンブルダウン総合病院の男性手術人員200人死亡率4.00%よりも、手術人員を考慮した死亡率では高いことに起因していることが分かる。なお、本事例では、どっちを閉鎖しても裁判になったら勝ち目がないので、結局両方の病院を存続させるしかなかったようだ。

表55　病院別の手術による死亡率と男女の分別結果

| 集合 | 男性 | 女性 | 合計 |
|---|---|---|---|
| セント・アンブロース病院 | 57(1500)[3.80%] | 6(600)[1.00%] | 63(2100)[3.00%] |
| バンブルダウン総合病院 | 8(200)[4.00%] | 8(600)[1.33%] | 16(800)[2.00%] |
| 合計 | 65(1700)[3.82%] | 14(1200)[1.17%] | 79(2900)[2.72%] |

総死者数 $T_N = 79$
総患者数 $N = 2900$

表56　表55の男女別死亡率の補集合結果と死亡率順位

| 補集合 | 男性 | 女性 |
|---|---|---|
| セント・アンブロース病院 | 22(1400)[1.57%](1) | 73(2300)[3.17%](4) |
| バンブルダウン総合病院 | 71(2700)[2.63%](2) | 71(2300)[3.09%](3) |

表57　補集合の死亡率による結果（順位）を男女別の分類結果に置き換えた場合

| 集合 | 男性 | 女性 | 合計 |
|---|---|---|---|
| セント・アンブロース病院 | 57(1500)[3.80%](1) | 6(600)[1.00%](4) | 63(2100)[3.00%] |
| バンブルダウン総合病院 | 8(200)[4.00%](2) | 8(600)[1.33%](3) | 16(800)[2.00%] |
| 合計 | 65(1700)[3.82%] | 14(1200)[1.17%] | 79(2900)[2.72%] |

# 7．工業への応用事例
## ── 治工具別不良率に対応した交換順序

表58はある工場のある工程において、３カ月間に39個の治具を用いて加工した製品の使用治具毎に着工数、不良数と不良率をまとめたものである。この治具は特殊な原材料の形状と加工の難しさから特定のメーカに依頼せざるを得ないため、１個100万円となり、また手直しにも手間が掛かり１回あたり10万円程度の費用がかかる。この工場で製造している製品の単価1000円に比べるとべらぼうに高いと言わざるをえない。これらのデータから不良発生の多い治具を手直しまたは交換する順番を考えるときに、どの治具から手をつけていくと効率よくできるかということを考えてみる。つまり、着工数と不良数から最も影響の大きいもの（つまり不良発生の大きいもの）を見出そうとするものである。まず、発生不良率の高い順に並び替えたものを表59に示す。同表には、不良率が100％から０％の数値が見られるが、不良率が100％のものはデータ数が高々３個であり、データ数合計47,143個に対しては１万分の１以下であり寄与は非常に小さい。次に、表60には、本書で述べる手法に基づき、すなわちデータ数（着工数）とデータ（不良数）から順序付けした結果（表中の項目名、記号では補集合不良率 $\overline{x_i^c}$順に順序を付けると、不良率 $\overline{x_i}$ とは逆傾向となる。図１参照）を示す。マクロ的に見ると、着工数が1,000から3,000程度と比較的大きく不良率も高いものが上段に、着工数が３から500程度と小さいものが中段に集まり不良率は高低まちまちである。一方、下段には着工数が1,000から3,000程度と大きいが、不良率では低いものが集まっていることが分かる。ここで、最も応用範囲が広くてその実際的な効果が大きいのが本事例で示した工業的な適用であり、製品への影響が大きい（たとえば不良率が高い）要因を見つけ出して排除することを数学的にその順序が決められる。必ず

しも従来行われやすい（対象集合の）平均値の大きなものが数学的に大きいものでなく、分母の値の大小も影響することを考慮する必要がある。つまり、着工数を考慮した不良率の高い治工具が数学的にも不良率の高い順に手直しまたは交換をしていけばよいことが分かる（表61）。

表58　治具別不良率

| No. | 治具No. | 着工数 | 不良数 | 不良率 |
|---|---|---|---|---|
| | 記号 | $n_i$ | $T_i$ | $x_i$ |
| 1 | J-001 | 467 | 180 | 38.54% |
| 2 | J-002 | 149 | 49 | 32.89% |
| 3 | J-003 | 93 | 50 | 53.76% |
| 4 | J-004 | 825 | 302 | 36.61% |
| 5 | J-005 | 2539 | 646 | 25.44% |
| 6 | J-006 | 93 | 41 | 44.09% |
| 7 | J-007 | 3 | 0 | 0.00% |
| 8 | J-008 | 2138 | 607 | 28.39% |
| 9 | J-009 | 3114 | 824 | 26.46% |
| 10 | J-010 | 3 | 3 | 100.00% |
| 11 | J-011 | 2952 | 1047 | 35.47% |
| 12 | J-012 | 1871 | 507 | 27.10% |
| 13 | J-013 | 2746 | 1091 | 39.73% |
| 14 | J-014 | 2938 | 737 | 25.09% |
| 15 | J-015 | 2191 | 491 | 22.41% |
| 16 | J-016 | 2841 | 972 | 34.21% |
| 17 | J-017 | 139 | 95 | 68.35% |
| 18 | J-018 | 1022 | 291 | 28.47% |
| 19 | J-019 | 2426 | 726 | 29.93% |
| 20 | J-020 | 2851 | 801 | 28.10% |
| 21 | J-021 | 3 | 3 | 100.00% |
| 22 | J-025 | 11 | 2 | 18.18% |
| 23 | J-027 | 6 | 2 | 33.33% |
| 24 | J-029 | 3 | 1 | 33.33% |
| 25 | J-030 | 28 | 9 | 32.14% |
| 26 | J-101 | 1488 | 641 | 43.08% |
| 27 | J-102 | 1512 | 716 | 47.35% |
| 28 | J-103 | 2083 | 788 | 37.83% |
| 29 | J-104 | 1036 | 501 | 48.36% |
| 30 | J-105 | 658 | 175 | 26.60% |
| 31 | J-106 | 1899 | 716 | 37.70% |
| 32 | J-107 | 810 | 192 | 23.70% |
| 33 | J-108 | 1791 | 619 | 34.56% |
| 34 | J-109 | 1549 | 446 | 28.79% |
| 35 | J-110 | 1322 | 335 | 25.34% |
| 36 | J-111 | 726 | 318 | 43.80% |
| 37 | J-112 | 234 | 117 | 50.00% |
| 38 | J-113 | 151 | 66 | 43.71% |
| 39 | J-116 | 432 | 127 | 29.40% |
| 総計、総平均 | | 47143 | 15234 | 32.31% |

表59　治具別不良率順位

| No. | 治具No. | 着工数 | 不良数 | 不良率 | 不良率順位 |
|---|---|---|---|---|---|
| | 記号 | $n_i$ | $T_i$ | $\bar{x}_i$ | |
| 1 | J-010 | 3 | 3 | 100.00% | 1 |
| 2 | J-021 | 3 | 3 | 100.00% | 1 |
| 3 | J-017 | 139 | 95 | 68.35% | 3 |
| 4 | J-003 | 93 | 50 | 53.76% | 4 |
| 5 | J-112 | 234 | 117 | 50.00% | 5 |
| 6 | J-104 | 1036 | 501 | 48.36% | 6 |
| 7 | J-102 | 1512 | 716 | 47.35% | 7 |
| 8 | J-006 | 93 | 41 | 44.09% | 8 |
| 9 | J-111 | 726 | 318 | 43.80% | 9 |
| 10 | J-113 | 151 | 66 | 43.71% | 10 |
| 11 | J-101 | 1488 | 641 | 43.08% | 11 |
| 12 | J-013 | 2746 | 1091 | 39.73% | 12 |
| 13 | J-001 | 467 | 180 | 38.54% | 13 |
| 14 | J-103 | 2083 | 788 | 37.83% | 14 |
| 15 | J-106 | 1899 | 716 | 37.70% | 15 |
| 16 | J-004 | 825 | 302 | 36.61% | 16 |
| 17 | J-011 | 2952 | 1047 | 35.47% | 17 |
| 18 | J-108 | 1791 | 619 | 34.56% | 18 |
| 19 | J-016 | 2841 | 972 | 34.21% | 19 |
| 20 | J-027 | 6 | 2 | 33.33% | 20 |
| 21 | J-029 | 3 | 1 | 33.33% | 21 |
| 22 | J-002 | 149 | 49 | 32.89% | 22 |
| 23 | J-030 | 28 | 9 | 32.14% | 23 |
| 24 | J-019 | 2426 | 726 | 29.93% | 24 |
| 25 | J-116 | 432 | 127 | 29.40% | 25 |
| 26 | J-109 | 1549 | 446 | 28.79% | 26 |
| 27 | J-018 | 1022 | 291 | 28.47% | 27 |
| 28 | J-008 | 2138 | 607 | 28.39% | 28 |
| 29 | J-020 | 2851 | 801 | 28.10% | 29 |
| 30 | J-012 | 1871 | 507 | 27.10% | 30 |
| 31 | J-105 | 658 | 175 | 26.60% | 31 |
| 32 | J-009 | 3114 | 824 | 26.46% | 32 |
| 33 | J-005 | 2539 | 646 | 25.44% | 33 |
| 34 | J-110 | 1322 | 335 | 25.34% | 34 |
| 35 | J-014 | 2938 | 737 | 25.09% | 35 |
| 36 | J-107 | 810 | 192 | 23.70% | 36 |
| 37 | J-015 | 2191 | 491 | 22.41% | 37 |
| 38 | J-025 | 11 | 2 | 18.18% | 38 |
| 39 | J-007 | 3 | 0 | 0.00% | 39 |
| 総計、総平均 | | 47143 | 15234 | 32.31% | |

表60　治具別補集合不良率順位

| 補集合不良率順位 | 治具No. | 補集合数 | 補集合不良数 | 補集合不良率 | 着工数 | 不良数 | 不良率 |
|---|---|---|---|---|---|---|---|
| | 記号 | $n^c_i$ | $T^c_i$ | $\overline{x^c_i}$ | $n_i$ | $T_i$ | $\overline{x_i}$ |
| 1 | J-102 | 45631 | 14518 | 31.816% | 1512 | 716 | 47.35% |
| 2 | J-013 | 44397 | 14143 | 31.856% | 2746 | 1091 | 39.73% |
| 3 | J-104 | 46107 | 14733 | 31.954% | 1036 | 501 | 48.36% |
| 4 | J-101 | 45655 | 14593 | 31.964% | 1488 | 641 | 43.08% |
| 5 | J-103 | 45060 | 14446 | 32.059% | 2083 | 788 | 37.83% |
| 6 | J-106 | 45244 | 14518 | 32.088% | 1899 | 716 | 37.70% |
| 7 | J-011 | 44191 | 14187 | 32.104% | 2952 | 1047 | 35.47% |
| 8 | J-111 | 46417 | 14916 | 32.135% | 726 | 318 | 43.80% |
| 9 | J-016 | 44302 | 14262 | 32.193% | 2841 | 972 | 34.21% |
| 10 | J-017 | 47004 | 15139 | 32.208% | 139 | 95 | 68.35% |
| 11 | J-108 | 45352 | 14615 | 32.226% | 1791 | 619 | 34.56% |
| 12 | J-112 | 46909 | 15117 | 32.226% | 234 | 117 | 50.00% |
| 13 | J-004 | 46318 | 14932 | 32.238% | 825 | 302 | 36.61% |
| 14 | J-001 | 46676 | 15054 | 32.252% | 467 | 180 | 38.54% |
| 15 | J-003 | 47050 | 15184 | 32.272% | 93 | 50 | 53.76% |
| 16 | J-113 | 46992 | 15168 | 32.278% | 151 | 66 | 43.71% |
| 17 | J-006 | 47050 | 15193 | 32.291% | 93 | 41 | 44.09% |
| 18 | J-010 | 47140 | 15231 | 32.310% | 3 | 3 | 100.00% |
| 18 | J-021 | 47140 | 15231 | 32.310% | 3 | 3 | 100.00% |
| 20 | J-002 | 46994 | 15185 | 32.313% | 149 | 49 | 32.89% |
| 21 | J-027 | 47137 | 15232 | 32.314% | 6 | 2 | 33.33% |
| 22 | J-029 | 47140 | 15233 | 32.314% | 3 | 1 | 33.33% |
| 23 | J-030 | 47155 | 15225 | 32.315% | 28 | 9 | 32.14% |
| 24 | J-007 | 47140 | 15234 | 32.317% | 3 | 0 | 0.00% |
| 25 | J-025 | 47132 | 15232 | 32.318% | 11 | 2 | 18.18% |
| 26 | J-116 | 46711 | 15107 | 32.341% | 432 | 127 | 29.40% |
| 27 | J-105 | 46485 | 15059 | 32.395% | 658 | 175 | 26.60% |
| 28 | J-018 | 46121 | 14943 | 32.400% | 1022 | 291 | 28.47% |
| 29 | J-109 | 45594 | 14788 | 32.434% | 1549 | 446 | 28.79% |
| 30 | J-019 | 44717 | 14508 | 32.444% | 2426 | 726 | 29.93% |
| 31 | J-107 | 46333 | 15042 | 32.465% | 810 | 192 | 23.70% |
| 32 | J-008 | 45005 | 14627 | 32.501% | 2138 | 607 | 28.39% |
| 33 | J-110 | 45821 | 14899 | 32.516% | 1322 | 335 | 25.34% |
| 34 | J-012 | 45272 | 14727 | 32.530% | 1871 | 507 | 27.10% |
| 35 | J-020 | 44292 | 14433 | 32.586% | 2851 | 801 | 28.10% |
| 36 | J-005 | 44604 | 14588 | 32.706% | 2539 | 646 | 25.44% |
| 37 | J-009 | 44029 | 14410 | 32.728% | 3114 | 824 | 26.46% |
| 38 | J-014 | 44205 | 14497 | 32.795% | 2938 | 737 | 25.09% |
| 39 | J-015 | 44952 | 14743 | 32.797% | 2191 | 491 | 22.41% |
| | | | | 総計、総平均 | 47143 | 15234 | 32.31% |

## 表61　治具別対象数（加工数）を考慮した不良率順位

| 対象数を考慮した不良率順位 | 治具No. | 着工数 | 不良数 | 不良率 | 不良率順位 | 補集合数 | 補集合不良数 | 補集合不良率 |
|---|---|---|---|---|---|---|---|---|
| | 記号 | $n_i$ | $T_i$ | $\bar{x}_i$ | | $n^c_i$ | $T^c_i$ | $\overline{x^c_i}$ |
| 1 | J-102 | 1512 | 716 | 47.35% | 7 | 45631 | 14518 | 31.816% |
| 2 | J-013 | 2746 | 1091 | 39.73% | 12 | 44397 | 14143 | 31.856% |
| 3 | J-104 | 1036 | 501 | 48.36% | 6 | 46107 | 14733 | 31.954% |
| 4 | J-101 | 1488 | 641 | 43.08% | 11 | 45655 | 14593 | 31.964% |
| 5 | J-103 | 2083 | 788 | 37.83% | 14 | 45060 | 14446 | 32.059% |
| 6 | J-106 | 1899 | 716 | 37.70% | 15 | 45244 | 14518 | 32.088% |
| 7 | J-011 | 2952 | 1047 | 35.47% | 17 | 44191 | 14187 | 32.104% |
| 8 | J-111 | 726 | 318 | 43.80% | 9 | 46417 | 14916 | 32.135% |
| 9 | J-016 | 2841 | 972 | 34.21% | 19 | 44302 | 14262 | 32.193% |
| 10 | J-017 | 139 | 95 | 68.35% | 3 | 47004 | 15139 | 32.208% |
| 11 | J-108 | 1791 | 619 | 34.56% | 18 | 45352 | 14615 | 32.226% |
| 12 | J-112 | 234 | 117 | 50.00% | 5 | 46909 | 15117 | 32.226% |
| 13 | J-004 | 825 | 302 | 36.61% | 16 | 46318 | 14932 | 32.238% |
| 14 | J-001 | 467 | 180 | 38.54% | 13 | 46676 | 15054 | 32.252% |
| 15 | J-003 | 93 | 50 | 53.76% | 4 | 47050 | 15184 | 32.272% |
| 16 | J-113 | 151 | 66 | 43.71% | 10 | 46992 | 15168 | 32.278% |
| 17 | J-006 | 93 | 41 | 44.09% | 8 | 47050 | 15193 | 32.291% |
| 18 | J-010 | 3 | 3 | 100.00% | 1 | 47140 | 15231 | 32.310% |
| 19 | J-021 | 3 | 3 | 100.00% | 2 | 47140 | 15231 | 32.310% |
| 20 | J-002 | 149 | 49 | 32.89% | 22 | 46994 | 15185 | 32.313% |
| 21 | J-027 | 6 | 2 | 33.33% | 20 | 47137 | 15232 | 32.314% |
| 22 | J-029 | 3 | 1 | 33.33% | 21 | 47140 | 15233 | 32.314% |
| 23 | J-030 | 28 | 9 | 32.14% | 23 | 47155 | 15225 | 32.315% |
| 24 | J-007 | 3 | 0 | 0.00% | 39 | 47140 | 15234 | 32.317% |
| 25 | J-025 | 11 | 2 | 18.18% | 38 | 47132 | 15232 | 32.318% |
| 26 | J-116 | 432 | 127 | 29.40% | 25 | 46711 | 15107 | 32.341% |
| 27 | J-105 | 658 | 175 | 26.60% | 31 | 46485 | 15059 | 32.395% |
| 28 | J-018 | 1022 | 291 | 28.47% | 27 | 46121 | 14943 | 32.400% |
| 29 | J-109 | 1549 | 446 | 28.79% | 26 | 45594 | 14788 | 32.434% |
| 30 | J-019 | 2426 | 726 | 29.93% | 24 | 44717 | 14508 | 32.444% |
| 31 | J-107 | 810 | 192 | 23.70% | 36 | 46333 | 15042 | 32.465% |
| 32 | J-008 | 2138 | 607 | 28.39% | 28 | 45005 | 14627 | 32.501% |
| 33 | J-110 | 1322 | 335 | 25.34% | 34 | 45821 | 14899 | 32.516% |
| 34 | J-012 | 1871 | 507 | 27.10% | 30 | 45272 | 14727 | 32.530% |
| 35 | J-020 | 2851 | 801 | 28.10% | 29 | 44292 | 14433 | 32.586% |
| 36 | J-005 | 2539 | 646 | 25.44% | 33 | 44604 | 14588 | 32.706% |
| 37 | J-009 | 3114 | 824 | 26.46% | 32 | 44029 | 14410 | 32.728% |
| 38 | J-014 | 2938 | 737 | 25.09% | 35 | 44205 | 14497 | 32.795% |
| 39 | J-015 | 2191 | 491 | 22.41% | 37 | 44952 | 14743 | 32.797% |
| 総計、総平均 | | 47143 | 15234 | 32.31% | | | | |

図101と図102には治工具の使用の割合に対する補集合不良率と不良率の関係を示す。数値の大小は今まで述べてきた実例と同じように逆転しているが、図102の不良率では使用の割合との関係が明確ではないが、図101の補集合不良率では使用の割合が高いもので特に補集合不良率の高低が治具によって明確に分かれる。

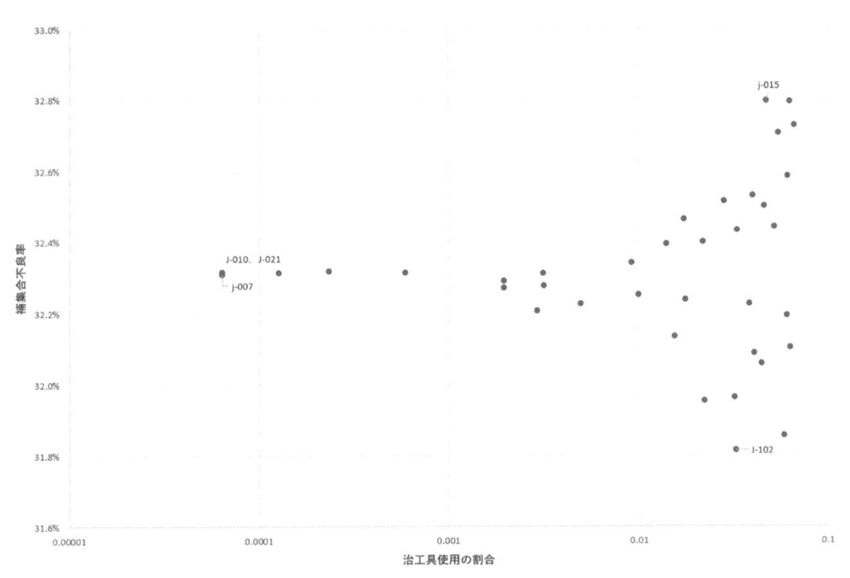


図101　治具別補集合不良率と使用の割合の関係

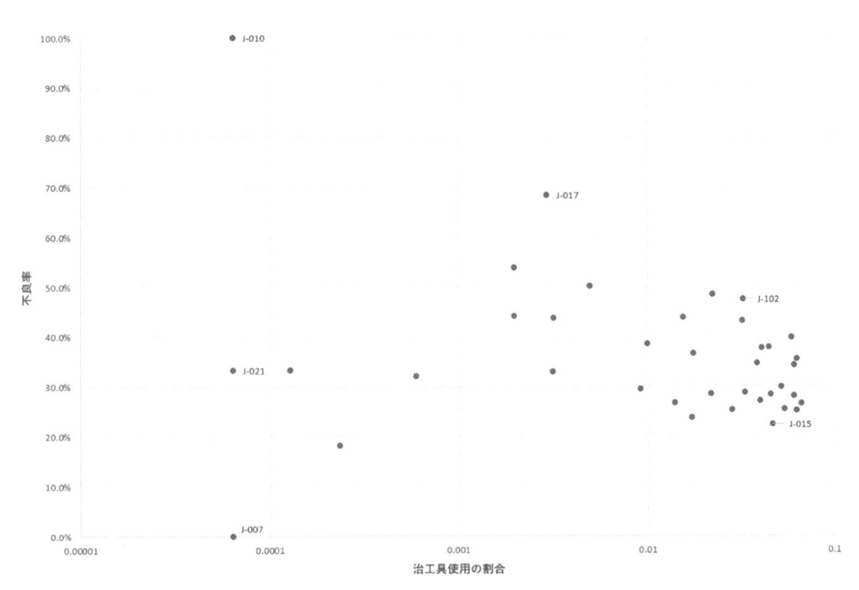


図102　治具別不良率と使用の割合の関係

## 表計算ソフトExcelを用いた算出手順

［例として将棋棋士の通算成績を用いて説明］

今まで述べてきた事例でも特に断りなくExcelを用いてきたが、集合の平均と対応する補集合の平均は何らかのデータを介していても実質的に接していれば、Excelの「ホーム」にある「並び替え」を用いて比較または順序付けができる。ただし、集合の平均と対応する補集合の平均は大小が逆転するということは肝に銘じておいて欲しい。その手順を追って述べると、次のとおりである。

1．（集合名と集合の平均、補集合の平均を含み、また見出し、データは隣のセルと結合しない）先頭行に見出しを持ち列方向に各集合のデータを有する表を作成する（表62）。

2．比較するデータが含まれているセルをクリックし、「ホーム」の「並び替えとフィルタ」のタグをクリックし「ユーザー設定の並び替え」をクリックして、「先頭行をデータの見出しとして使用する」に☑が入っていることを確認して、「キャンセル」を押す。次に右クリックしてボックスメッセージの中の並び替えの昇順（小さい順に並べる場合）または降順（大きい順に並べる場合）を選択して並び替える（表63）。

たとえば将棋の棋士の勝率の高い順に並べる場合には、補集合の勝率（補集合の平均）の列のデータをクリックして、並び替えの昇順を選択して実行する。

ここで先に説明したように（平均算出の際、分母となるデータ数を用いた）集合の平均と補集合の勝率は大小が逆転するので、［対局数を考慮した］勝率の高い棋士から順に勝率が低い棋士が並ぶ（何度もくどいようであるが、ここで述べる勝率は単純に、率の数値の値の大小だけを示すものではないことに注意されたい)。そして、最も順序が高い棋士に１位を以下順に２位、３位……の順序付けを行う（表64)。

3．次に、補集合の平均と集合の平均は一次式で表され１対１の対応が成り立つので、補集合の勝率順位について勝率順位に置き換える。この時の順位は単純に勝率の値の大小によって決まるわけではなく、勝率に加えて対局数の大小によってその順位が決まるので、対局数を考慮した勝率順位とよび、先の証明でも示されたように数学的な順位である（表65)。

表62　プロ棋士序列（日本将棋連盟HPより、抜粋）

2021年7月30日対局分まで

| 棋士名 | 対局数 | 勝数 | 勝率 | 補集合対局数 | 補集合勝数 | 補集合勝率 |
|---|---|---|---|---|---|---|
| 渡辺明 | 1045 | 693 | 0.6631 | 125730 | 68877 | 0.547817 |
| 豊島将之 | 758 | 519 | 0.6846 | 126017 | 69051 | 0.547950 |
| 藤井聡太 | 273 | 230 | 0.8424 | 126502 | 69340 | 0.548134 |
| 永瀬拓矢 | 565 | 404 | 0.7150 | 126210 | 69166 | 0.548023 |
| 羽生善治 | 2123 | 1485 | 0.7001 | 124652 | 68085 | 0.546201 |
| 谷川浩司 | 2241 | 1349 | 0.6027 | 124534 | 68221 | 0.547810 |
| 佐藤康光 | 1725 | 1063 | 0.6162 | 125050 | 68507 | 0.547837 |
| 森内俊之 | 1532 | 940 | 0.6135 | 125243 | 68630 | 0.547975 |
| ⋮ | ⋮ | ⋮ | ⋮ | ⋮ | ⋮ | ⋮ |
| 井田明宏 | 10 | 8 | 0.8000 | 126765 | 69562 | 0.548748 |
| 高田明浩 | 11 | 9 | 0.8181 | 126764 | 69561 | 0.548744 |
| 東和男 | 1160 | 479 | 0.4129 | 125615 | 69091 | 0.550022 |
| 西川慶二 | 1113 | 503 | 0.4519 | 125662 | 69067 | 0.549625 |
| 金沢孝史 | 479 | 203 | 0.4237 | 126296 | 69367 | 0.549241 |

| 合　計 | 126775 | 69570 | 0.54877 |
|---|---|---|---|

表63　補集合勝率昇順並び替え、順序付け後（対局数、勝数、勝率列位置変更）

| 補集合勝率順位 | 棋士名 | 補集合対局数 | 補集合勝数 | 補集合勝率 | 対局数 | 勝数 | 勝率 |
|---|---|---|---|---|---|---|---|
| 1 | 羽生善治 | 124652 | 68085 | 0.5462006 | 2123 | 1485 | 0.7001 |
| 2 | 谷川浩司 | 124534 | 68221 | 0.5478102 | 2241 | 1349 | 0.6027 |
| 3 | 渡辺明 | 125730 | 68877 | 0.5478168 | 1045 | 693 | 0.6631 |
| 4 | 丸山忠久 | 125264 | 68622 | 0.5478190 | 1511 | 948 | 0.6273 |
| 5 | 佐藤康光 | 125050 | 68507 | 0.5478369 | 1725 | 1063 | 0.6162 |
| 6 | 深浦康市 | 125378 | 68700 | 0.5479430 | 1397 | 870 | 0.6227 |
| 7 | 豊島将之 | 126017 | 69051 | 0.5479499 | 758 | 519 | 0.6846 |
| 8 | 森内俊之 | 125243 | 68630 | 0.5479747 | 1532 | 940 | 0.6135 |
| ⋮ | ⋮ | ⋮ | ⋮ | ⋮ | ⋮ | ⋮ | ⋮ |
| 169 | 小林宏 | 125785 | 69137 | 0.5496442 | 990 | 433 | 0.4373 |
| 170 | 所司和晴 | 125851 | 69176 | 0.5496659 | 924 | 394 | 0.4264 |
| 171 | 福崎文吾 | 125336 | 68903 | 0.5497463 | 1439 | 667 | 0.4635 |
| 172 | 室岡克彦 | 125716 | 69122 | 0.5498266 | 1059 | 448 | 0.4230 |
| 173 | 東和男 | 125615 | 69091 | 0.5500219 | 1160 | 479 | 0.4129 |

表64　補集合勝率順位を対局数を考慮した勝率順位に置き換え後（勝率順位を追加）

| 対局数を考慮した勝率順位 | 棋士名 | 対局数 | 勝数 | 勝率 | 勝率順位 | 補集合対局数 | 補集合勝数 | 補集合勝率 |
|---|---|---|---|---|---|---|---|---|
| 1 | 羽生善治 | 2123 | 1485 | 0.7001 | 8 | 124652 | 68085 | 0.5462006 |
| 2 | 谷川浩司 | 2241 | 1349 | 0.6027 | 55 | 124534 | 68221 | 0.5478102 |
| 3 | 渡辺明 | 1045 | 693 | 0.6631 | 20 | 125730 | 68877 | 0.5478168 |
| 4 | 丸山忠久 | 1511 | 948 | 0.6273 | 38 | 125264 | 68622 | 0.5478190 |
| 5 | 佐藤康光 | 1725 | 1063 | 0.6162 | 44 | 125050 | 68507 | 0.5478369 |
| 6 | 深浦康市 | 1397 | 870 | 0.6227 | 41 | 125378 | 68700 | 0.5479430 |
| 7 | 豊島将之 | 758 | 519 | 0.6846 | 13 | 126017 | 69051 | 0.5479499 |
| 8 | 森内俊之 | 1532 | 940 | 0.6135 | 45 | 125243 | 68630 | 0.5479747 |
| ⋮ | ⋮ | ⋮ | ⋮ | ⋮ | ⋮ | ⋮ | ⋮ | ⋮ |
| 169 | 小林宏 | 990 | 433 | 0.4373 | 164 | 125785 | 69137 | 0.5496442 |
| 170 | 所司和晴 | 924 | 394 | 0.4264 | 166 | 125851 | 69176 | 0.5496659 |
| 171 | 福崎文吾 | 1439 | 667 | 0.4635 | 159 | 125336 | 68903 | 0.5497463 |
| 172 | 室岡克彦 | 1059 | 448 | 0.4230 | 168 | 125716 | 69122 | 0.5498266 |
| 173 | 東和男 | 1160 | 479 | 0.4129 | 172 | 125615 | 69091 | 0.5500219 |

＊ Excelの操作の詳細はソフトウェアの説明書などを参考にしてください。

### 表65　通算勝率順位と対局数を考慮した勝率順位の比較

［対局数を考慮した勝率順位］

| 勝率順位 | 棋士名 | 対局数 | 勝数 | 負数 | 勝率 | 補集合対局数 | 補集合勝数 | 補集合勝率 | 補集合勝率順位 |
|---|---|---|---|---|---|---|---|---|---|
| 1 | 藤井聡太 | 273 | 230 | 43 | 0.84249 | 126502 | 69340 | 0.548134 | 13 |
| 2 | 高田明浩 | 11 | 9 | 2 | 0.81818 | 126764 | 69561 | 0.548744 | 84 |
| 3 | 井田明宏 | 10 | 8 | 2 | 0.80000 | 126765 | 69562 | 0.548748 | 85 |
| 4 | 服部慎一郎 | 54 | 40 | 14 | 0.74074 | 126721 | 69530 | 0.548686 | 69 |
| 5 | 永瀬拓矢 | 565 | 404 | 161 | 0.71504 | 126210 | 69166 | 0.548023 | 10 |
| 6 | 伊藤匠 | 28 | 20 | 8 | 0.71429 | 126747 | 69550 | 0.548731 | 81 |
| 7 | 大橋貴洸 | 217 | 153 | 64 | 0.70507 | 126558 | 69417 | 0.548500 | 41 |
| 8 | 羽生善治 | 2123 | 1485 | 636 | 0.69948 | 124652 | 68085 | 0.546201 | 1 |
| ⋮ | ⋮ | ⋮ | ⋮ | ⋮ | ⋮ | ⋮ | ⋮ | ⋮ | ⋮ |
| 169 | 島本亮 | 490 | 206 | 284 | 0.42041 | 126285 | 69364 | 0.549266 | 154 |
| 170 | 木下浩一 | 839 | 352 | 487 | 0.41955 | 125936 | 69218 | 0.549628 | 167 |
| 171 | 藤倉勇樹 | 401 | 168 | 233 | 0.41895 | 126374 | 69402 | 0.549179 | 147 |
| 172 | 東和男 | 1160 | 479 | 681 | 0.41293 | 125615 | 69091 | 0.550022 | 173 |
| 173 | 上野裕和 | 483 | 195 | 288 | 0.40373 | 126292 | 69375 | 0.549322 | 157 |

| | 合計 | 126775 | 69570 | 総平均 | 0.54877 |
|---|---|---|---|---|---|

■実例の用語の定義［概要、「統計でみる都道府県のすがた」より］

県内総生産：県内総生産とは，県内にある事業所の生産活動によって生み出された生産物の総額から中間投入額，すなわち物的経費を控除したもの。

県民所得：生産要素を提供した県内の居住者（個人ばかりではなく，法人企業，行政機関も含む）に帰属する所得と県内純生産に県外から受け取った純要素所得（県外からの純所得）を加えたもの。

雇用者報酬：生産活動から発生した付加価値のうち，労働を提供した雇用者への分配額をさす。

財産所得：金融資産の所有者が資金を提供する見返りとして受け取る「投資所得」と，土地等の所有者が受け取る「賃貸料」から成る。

企業所得：非金融法人企業、金融機関及び個人企業（家計に含まれる）の営業余剰・混合所得に受け取った財産所得を加算し、支払った財産所得を控除したもの。

県外からの所得：雇用者報酬，投資収益，財産所得が含まれる。

県民総所得：県内総支出に県外からの所得を加えたもの。

# 参考文献およびホームページ

総務省統計局（2020）「世界の統計2020」
総務省統計局（2020）「日本の統計2020」
総務省統計局ホームページ　https://www.stat.go.jp
国際連合（UN）　National Accounts—Analysis of Main Aggregates (AMA) https://unstats.un.org/unsd/snaama/Index

伊藤清三（1963）『ルベーグ積分入門』裳華房
竹内啓編（1989）『統計学辞典』東洋経済新報社
永田靖・吉田道弘（1997）『統計的多重比較法の基礎』サイエンティスト社
永田靖（1998）『多重比較法の実際　応用統計学』27(2) 93–108
吉田道弘（1989）「不等標本サイズの場合のTukeyの多重比較法 ── 精密計算に基づくTukey-Kramer法の評価」『計算機統計学』2(1) 17–24
Fisher, R .A. (1922) “On the interpretation of $\chi^2$ from contingency tables, and the calculation of P ” *Journal of the Royal Statistics Society* 85(1) 87–94
竹内啓（1979）「スポーツのOR ― その数理科学的側面 ―」『オペレーションズ・リサーチ』1979–4　174–180
竹内啓・藤野和建（1979）「“強さ” をはかる」『オペレーションズ・リサーチ』1979–4　185–192
竹内啓（1980）「12.『強さ』をはかる」『現象と行動のなかの統計数理』新曜社　133–148
広津千尋（1983）「多重比較法によるBradley-Terryモデルの適合度検定」『品質』13(2) 37–45
広津千尋（1984）「Bradley-Terryモデルの順序効果がある場合への拡張」『品質』14(1) 52–58
Stewart I., 水谷淳訳（2010）『数学の魔法の宝箱』ソフトバンククリエイティブ

「日本野球機構」ホームページ　https://npb.jp
「プロ野球データFreak」ホームページ　https://baseball-data.com
「日本将棋連盟」ホームページ　https://www.shogi.or.jp
「ロックショウギ」ホームページ　https://6shogi.com

# おわりに

今、世の中には様々なデータがあふれており、それらのデータを活用しようとする取り組みが行われている。このとき取得したデータそのものを使用することもあるが、(算術) 平均が最も多く用いられ、それらの比較または順序付けを行うことが頻繁に行われる。

これに際してまず困るのが、平均の比較にはデータ数が等しいことが前提となることである。

プロスポーツ界では比較による結果は、即評価となり金銭に結び付くことから厳密さが要求され、データ数が一定以上のもののみを比較することが行われている。着工数に対する良品数の比率を歩留とよぶが、この歩留を上げるためにある治工具の交換の優先順序を決める必要が生じた。ここで各治具の着工数と良品数のデータは入手可能であるが、着工数は数個から数百個と100倍以上の開きがあり、どのようにデータ (良品率) をまとめたら良い結果を得られるか迷っていた。ある時データ一覧を記した一枚の紙をながめていたら、それぞれのデータの合計を取って該当するデータを差し引いたもの (これを補集合データとよぶ)、つまり補集合のデータ和と補集合データ数から補集合の平均を算出してその結果を用いたらどうだろうかとひらめいた。そして実際に補集合の平均を用いて比較・順序付けを行った結果、考えていた以上の成果が得られた。そこでこの方法の数学的な証明について考え、紆余曲折があったが本書に述べた結果が得られた。最後に本書の実例でデータを使わせていただいた総務省統計局、国連、日本プロ野球機構、プロ野球データFreak、ソフトバンククリエイティブ、日本将棋連盟ほか、参考にさせていただいた多くの文献の関係各位に感謝の意を表する。次に東京図書出版の皆さんには原稿のすみずみまで丁寧に読み込んで校正いただき大きな見落しや小さな重大ミスの摘出ができました。また日頃からの献身的な支援や励ましをしてくれている家族 (妻敏江、娘栄子) に感謝します。ありがとうございました。

高柳　俊比古（たかやなぎ　としひこ）

1969年３月国立群馬工業高等専門学校卒業。総合電機メーカーの半導体部門においてプロセスエンジニアとして技術改善や歩留向上などに従事。1972年防塵技術策（後に特許取得）の実施により電卓用MOSLSIの国内シェア60%、世界シェア30%取得に貢献、半導体ウェーハの面取り特許も取得。1993、94年技術支援のため米国半導体メーカーに派遣。大幅な歩留向上を達成し、NASDAQ上場への礎に貢献。

**全選手に順番をつける！**

― 不揃いのデータの平均に対する数学的な比較、順序付け ―

---

2023年２月23日　初版第１刷発行

著　　者　高柳俊比古
発 行 者　中 田 典 昭
発 行 所　東京図書出版
発行発売　株式会社 リフレ出版
　　　　　〒112-0001　東京都文京区白山 5-4-1-2F
　　　　　電話 (03)6772-7906　FAX 0120-41-8080
印　　刷　株式会社 ブレイン

© Toshihiko Takayanagi
ISBN978-4-86641-604-5 C0041
Printed in Japan 2023
本書のコピー、スキャン、デジタル化等の無断複製は著作権法上での例外を除き禁じられています。本書を代行業者等の第三者に依頼してスキャンやデジタル化することは、たとえ個人や家庭内での利用であっても著作権法上認められておりません。

落丁・乱丁はお取替えいたします。
ご意見、ご感想をお寄せ下さい。